加入滿滿的天然食物纖維！

加入滿滿的天然食物纖維！

加入滿滿的天然食物纖維！

有38款天天換著吃！

好口感の纖維系麵包

石澤清美◎著

加入滿滿的
天然食物纖維！

前言

雖然說各年齡層都要注意身體健康，

但總有個開始的契機。

例如開始覺得注意力無法持久、長時間感到疲勞……

這種雖然稱不上疾病，但也不能說是舒適的狀態，會隨年齡與日俱增，

日積月累的小小不適，

日後就成了不得不面對自己的身體狀況的契機。

維持健康要注意的事非常多，

但我們最容易不足的是什麼呢？答案是「膳食纖維」。

一天理想的攝取量是**18**至**20g**，

每天只吃上幾公克是不夠的，偏偏卻不易補足。

若您也是如此，

可試著在主食麵包中，揉入滿滿的蔬菜、海藻、豆類……

烤出濕潤、**Q**彈又飽含膳食纖維的美味麵包。

將吐司切成六片，每一片就有**2.5g**左右的膳食纖維，

除了沉甸甸的份量感之外，還有可以控制食量的飽足感。

雖然一片吐司所含的膳食纖維只有幾公克，卻成效超群。

更重要的是，全家人都能開心地品嚐到食材本身的風味。

作成法式吐司會更好吃，也推薦作成三明治，

微微的甜味也很適合當作點心。

藉著食材的膳食纖維和水分，幾乎不需要花時間揉麵團，

麵團混合發酵後，放入烤箱烘烤就能完成，作法非常簡單。

希望每天一片能成為邁向健康的小小推手，

將本書食譜獻給注重保健的你。

石澤清美

CONTENTS

Part 1　滿滿蔬菜的Q彈麵包…13

Part 2　富含滿滿豆類&雜糧的麵包…42

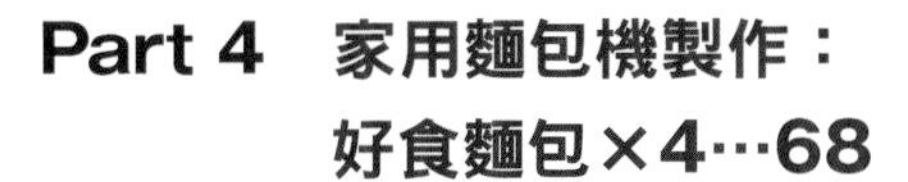

什麼是「對身體好的麵包」呢？

我們攝取的膳食纖維不足嗎？

膳食纖維的攝取有許多不同的考量，本書強調的是膳食纖維的攝取量。日本厚生勞動省訂定的「日本人的膳食纖維攝取標準（2015年版）」18至70歲的男性一天需攝取20g以上；女性則一天18g以上為目標。

但我們日常攝取的量遠低於目標值。根據2012年日本國民健康營養調查，平均一日所攝取的膳食纖維量，20歲年齡層的男性為13g、女性為11.8g。20歲以上的年齡層攝取量稍微多一些，40歲年齡層的男性為13.6g、女性為12.8g，50歲、60歲、70歲，雖然隨著年齡層增加，平均的攝取量有少許增加，但皆未達到目標值。

如何補足剩下不足的6g膳食纖維呢？

怎樣才能攝取到目標量的膳食纖維呢？雖說多吃膳食纖維含量高的食品是一種方法，不過也不能只吃豆類和牛蒡。本書教您如何製作出富含膳食纖維的主食！因為是每天都要吃的主食，長時間持續攝取，就能達到目標量。

膳食纖維知多少？

精製白吐司
1片（切6片、60g）
1.38 g

糙米飯
1碗（160g）
2.24 g

黃豆×羅勒麵包
（p.46）
1/6份（1餐份）
2.5 g

普通的白米飯1碗（160g）的膳食纖維僅有0.48g。如果換成糙米飯，同樣份量就能攝取2.24g膳食纖維。

那麼，麵包又是如何呢？精製吐司1片（切成6片）只有1.38g膳食纖維，換成本書推薦的富含膳食纖維麵包，一餐就能攝取2.2g至4.8g，擁有超越糙米飯的膳食纖維量。只要一天一餐食用本書的配方麵包，就能多攝取1g至2.5g的膳食纖維。平日飲食中再增加一些蔬菜攝取，輕鬆達到目標值並非難事。

認識膳食纖維的功用

一起來認識膳食纖維的功用吧！膳食纖維吃下肚後，並不會被胃與小腸消化，可以順利抵達大腸。膳食纖維大致分為可溶於水的水溶性膳食纖維，以及不溶於水的不溶性膳食纖維。以下分別介紹這兩種膳食纖維的特性和作用。

■水溶性膳食纖維

★具有黏著性，可在腸胃內緩慢移動，帶來飽足感，防止過度飲食。

★有助於吸附脂質、糖分、鹽分，並將其排出體外。

★能預防脂質、糖分、鹽分攝取過量所引起的肥胖、高脂血症、糖尿病、高血壓等。

★可吸附膽汁酸和膽固醇，並促使這些成分排出體外。

★增加排泄物的水分和份量，促使排便順暢。

★容易有飽足感，幫助預防飲食過量所引起的肥胖症。

■不溶性膳食纖維

★由於需要確實咀嚼，能強化牙齦和下顎關節。

★容易有飽足感，有助於預防飲食過量所引起的肥胖症。

★在腸胃中吸收水分後會膨脹，可刺激腸道，促進排便，並有助於預防大腸癌。

★在腸內分解・發酵後比菲德氏菌會增加，能調節腸內環境。

膳食纖維的益處良多，以至於在日本被稱為是第六大營養素。

本書的麵包食譜富含大量的膳食纖維，而且製作方法相當簡單。如果能讓全家人都能攝取到比現在更多的膳食纖維量，就是「對身體好的健康麵包」。一般而言，食用天然食材並不會有膳食纖維攝取過量的狀況，如果改成大量攝取健康食品和營養補給品，有時會妨礙維生素吸收，請特別注意！

製作麵包的基本步驟

以下介紹製作麵包的基本步驟和方法，並搭配詳細的圖片說明。
不同種類的麵包，作法多少會有些差異，
請參考每一道食譜的說明。

花椰菜麵包

材料
（600g份・21×8×6cm的磅蛋糕模一條）
標有★的材料，表示可視實際操作情況調整（參照P.93）
花椰菜…150 g
A
- 高筋麵粉…250 g
- 黑糖或上白糖…10 g
- 鹽…½小匙（3 g）
- 乾燥酵母…3 g

★選擇不需預發的類型
水或溫水…約115 g
★水以重量來計算
手粉（高筋麵粉）…適量

準備

- 準備調理盆大小各一、量杯、橡皮刮刀、保鮮膜、粉篩等工具（參照P.93至P.94）。
- 測量材料所需的份量。
- 將作業檯（桌子或調理檯）擦拭乾淨（建議使用酒精擦拭）。
- 水在天氣寒冷時容易變冷，可放在耐熱的量杯中，放入微波爐（600W）加熱10至20秒。
- 烤模內薄薄地塗上一層植物油。

食材處理

花椰菜分成小朵，以保鮮膜包裹後，放入微波爐加熱1分30秒至2分鐘，冷卻後切碎。食材若為水溶性膳食纖維，不建議水煮，請先放入微波爐加熱。

麵團製作

1 將材料A倒入較大的調理盆內。

2 加入準備好的花椰菜，以手或橡皮刮刀將材料大致混合。

3 分次加水，不一次全部倒入。請確認混合的狀況後再酌量倒水。

4 混合的技巧是，以指尖將水分、花椰菜和麵粉混合。一開始會乾巴巴的推不動，但持續混合攪拌就能揉合在一起。

5 蔬菜的水分會依季節和保存狀態有所不同。指定份量的水全數加入並確實攪拌後，若仍留有許多麵粉，可再加入1小匙的水，確認麵團狀況。

6 由於麵團較重，揉麵團時請以掌心壓向調理盆側面和底部。

7 如圖所示，將材料揉勻，就算呈現黏糊的狀態也沒關係。

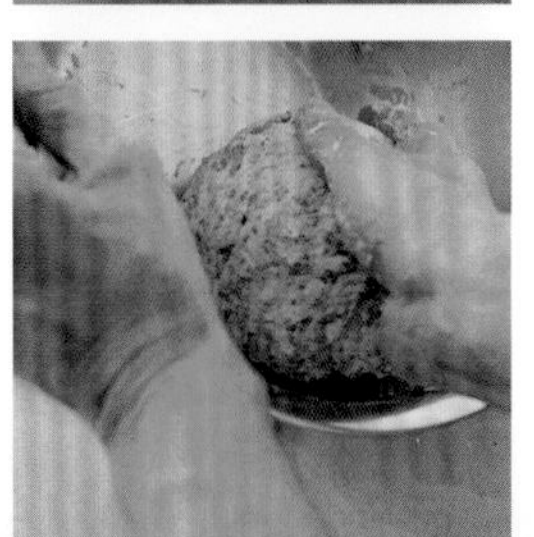

8 大略整成圓形後進行一次發酵，若麵團太黏，請一邊滾動麵團，一邊撒上1小匙的手粉。

一次發酵

9 麵團放入較小的調理盆內。為了防止乾燥，請套上塑膠袋，或在保鮮膜內側撒上手粉後蓋住麵團。

10 放入烤箱內，利用發酵功能（40℃），放一小時左右，進行一次發酵。約膨脹成1.5倍後即完成一次發酵（右圖為一次發酵完成的狀態）。

11 觸碰麵團表面，如果非常濕黏，在調理盆和麵團交接處撒上適量的手粉。若不沾黏，維持原狀即可。

排氣・重新整圓

12 為防止麵團沾黏，在作業檯上撒上手粉。

13 調理盆往內側傾倒，橡皮刮刀插入調理盆和麵團交接處，取出麵團。置放時麵團底部朝上。

14 兩手輕壓麵團排氣。

15 麵團翻面，由內往外摺成三摺。

16 麵團轉90度再摺三摺。

17 麵團翻面，底部摩擦作業檯面，側面依順時針轉繞，重新整圓。

醒麵（Bench time）

18 在保鮮膜內側撒上手粉，輕輕蓋在麵團上，休息5分鐘。此步驟稱為醒麵，等待麵團再度鬆弛，較容易成形。

成形

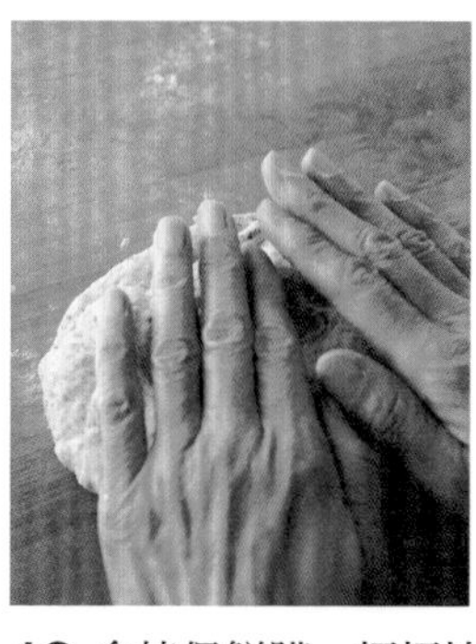

19 拿掉保鮮膜，輕輕按壓麵團。此時若麵團會黏手，將其放在保鮮膜內滾動，讓麵團沾上手粉。

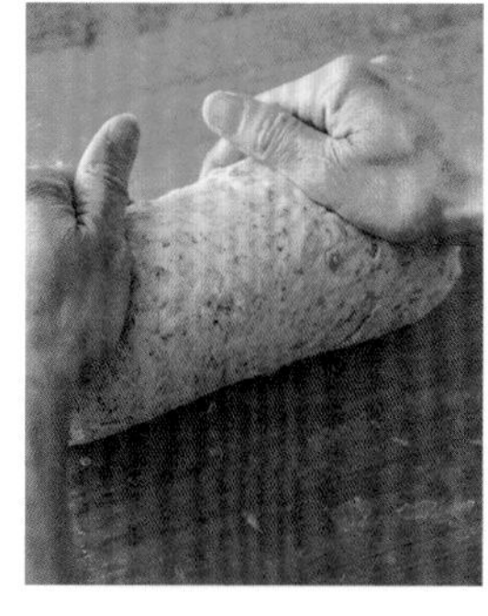

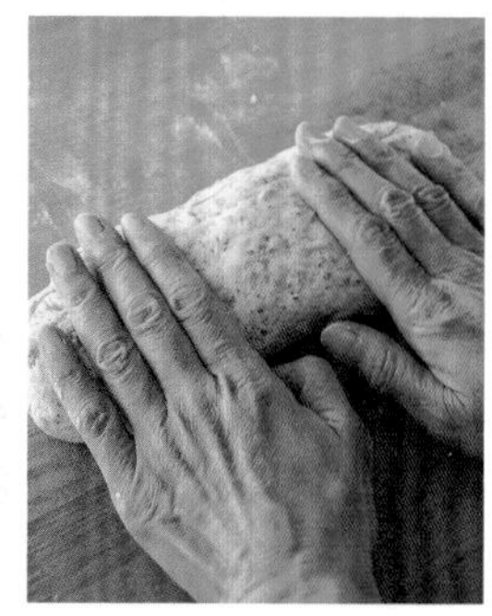

20 在撒了手粉的檯面上，將麵團由內往外摺三摺後，轉90度再摺三摺（和步驟**15**至**16**相同）。兩手指尖將收口壓入麵團後，整成烤模寬度。

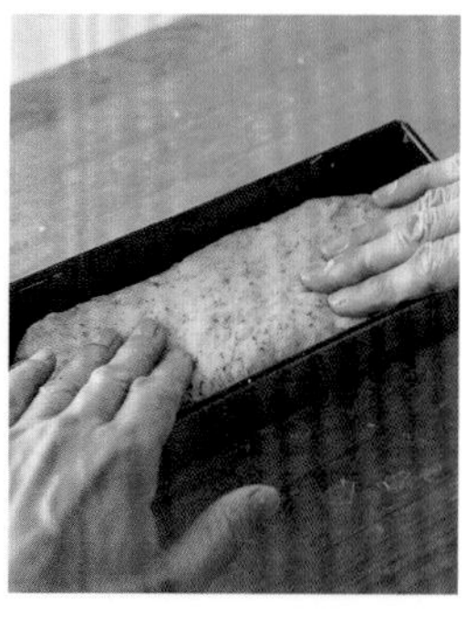

21 麵團伸展成烤模長度，將收口朝下，放入烤模內。表面整平。烤模寬度較寬時，將麵團往中間收攏。

二次發酵

22 套上塑膠袋，或在保鮮膜內側撒上手粉覆蓋。以烤箱的發酵功能（40℃）發酵30至40分鐘，進行二次發酵，讓麵團二次發酵膨脹（右圖為二次發酵完成的狀態）。

發酵

發酵會產生氣體，這會讓麵團膨脹。雖然幾乎所有的烤箱都帶有發酵功能，但若是在乾燥狀態進行發酵，請將麵團放在塑膠袋內或蓋上內側撒了手粉的保鮮膜，避免乾燥（參照P.10）。可試著在烤盤的邊角擺上可耐熱的杯子，倒入熱水提高濕度。

如果烤箱沒有發酵功能，夏天可以直接將麵團放入大塑膠袋，雖然要花比較久的時間，麵團也可以發酵。天冷時可將調理盆放入大小合適的保麗龍箱子中，同時放入一杯熱水，再蓋上蓋子，就能營造出適合發酵的環境。

營造發酵的環境還有很多方法，包括放在暖桌的角落、電鍋上方、有日曬的地方等，總之，可放在溫暖處試試看。

烘烤

23 烤箱預熱至170℃。將步驟**22**的麵團放在烤盤中段處，烘烤35至45分鐘。如果是容易上色的麵包，建議比一般設定稍微低10℃左右來烘烤。出爐後立刻取出脫模並放在網架上，冷卻即完成。

保存

24 除了馬上要食用的份量之外，依個人喜好切片，放入冷凍保存用的密封袋內，盡可能排除袋內空氣後，放入冷凍庫保存。享用前再從冷凍庫中取出，放入烤吐司機中慢慢烘烤，就能品嚐到表面酥脆、內部柔軟的美味吐司。

滿滿蔬菜的Q彈麵包

Part 1

高筋麵粉加上蔬菜，每一口都是美味與驚喜！
蔬菜的甘甜、鬆鬆軟軟的口感……
一定要嚐嚐看！
製作方法非常簡單，
不需要長時間地揉麵團，
只要在調理盆內拌勻材料即可，
省時又省力！

1/6份
173kcal
膳食纖維
2.2g

胡蘿蔔麵包

胡蘿蔔的自然甜味在口中綻放！
巧妙地隱藏胡蘿蔔獨特的味道，
即使是不喜歡胡蘿蔔的人也能開心享用！

材料

（600g份・21×8×6cm的磅蛋糕模一條）

胡蘿蔔…200 g

A
- 高筋麵粉…250 g
- 黑糖或上白糖…10 g
- 鹽…½小匙（3 g ）
- 乾燥酵母…3 g

水或溫水…約30 g

手粉（高筋麵粉）…適量

準備

■ 烤模內薄薄地塗上一層植物油。

■ 胡蘿蔔連皮洗淨後磨泥（果皮膳食纖維含量高）。

切成吐司片品嚐

切成吐司片後，確實地烘烤，製作出表面酥脆、內部鬆軟的對比口感，相當美味。

作法

（開始製作前，請詳閱P.8至P.12的基本步驟）

1 材料A倒入調理盆內混合後，加入準備好的胡蘿蔔，以橡皮刮刀拌勻。

2 分次加水，不一次全部倒入。請確認混合的狀況後再酌量倒水。混合均勻之後揉麵團，掌心施力按壓調理盆的側面和底部。

3 胡蘿蔔確實與麵團混合之後，將麵團大致整成圓形，放入小調理盆內。套上塑膠袋或蓋上內側撒了手粉的保鮮膜，在40℃的環境下，靜置一個小時，進行一次發酵。

4 麵團膨脹成1.5倍後，底部朝上取出，放在撒了手粉的作業檯上。

5 以手輕壓麵團排氣，由內往外摺三摺後轉90度，再摺三摺，重新整成圓形。蓋上保鮮膜，醒麵5分鐘。

6 麵團放在撒了手粉的檯面上，輕輕壓平，依步驟**5**的方法，進行兩次摺三摺。

7 收口以兩手指尖壓入麵團內，滾動麵團延展成烤模的長度，放入烤模內。

8 將放麵團的烤模套上塑膠袋，或蓋上內側撒了手粉的保鮮膜，在40℃的環境下，靜置30至40分鐘，進行二次發酵。

9 將烤箱預熱至170℃，麵團膨脹後，拿掉步驟**8**的塑膠袋或保鮮膜，將麵團放在烤盤上，放入烤箱烤35至45分鐘，出爐後立刻脫模，冷卻即完成。

胡蘿蔔的水分會因季節和保存狀態不同而有所差異，如果麵團確實混合後還是有粉狀殘留，請視麵團狀況，以小湯匙一匙一匙地加水，揉勻麵團。

1/6份
209kcal
膳食纖維
2.4g

核桃×胡蘿蔔麵包

稍微減少胡蘿蔔的用量，
就能烤出更膨鬆的麵包。
減少的胡蘿蔔纖維，以核桃來補足。

材料

（600g份・25×6×6cm的磅蛋糕模一條）

胡蘿蔔…150 g

烤過的核桃…35 g

A
- 高筋麵粉…250 g
- 黑糖或上白糖…10 g
- 鹽…½小匙（3 g ）
- 乾燥酵母…3 g

水或溫水…約50 g

手粉（高筋麵粉）…適量

準備

- 烤模內薄薄地塗上一層植物油。
- 胡蘿蔔連皮洗淨後磨泥（果皮的膳食纖維含量高）。

核桃處理

如果無法取得烤過的核桃，可利用烤箱乾烤5分鐘，再剝成1cm大小。

麵團混合至上圖狀態時，就可以加入核桃，並輕輕地將麵團揉至均勻。

作法

（開始製作前，請詳閱P.8至P.12的基本步驟）

1 材料A倒入調理盆內混合後，將準備好的胡蘿蔔加入，以橡皮刮刀拌勻。

2 分次加水，不一次全部倒入。請確認混合的狀況後再酌量倒水。麵團大致混合後，加上核桃，揉至均勻。揉麵團時，掌心施力按壓調理盆的側面和底部。

3 胡蘿蔔確實與麵團混合之後，將麵團大致整成圓形，放入小調理盆內。套上塑膠袋或蓋上內側撒了手粉的保鮮膜，在40℃的環境下，靜置一個小時，進行一次發酵。

4 麵團膨脹成1.5倍後，底部朝上取出，放在撒了手粉的作業檯上。

5 以手輕壓麵團排氣，由內往外摺成三摺後轉90度，再摺三摺，重新整成圓形。蓋上保鮮膜，醒麵5分鐘。

6 麵團放在撒了手粉的檯面上，輕輕壓平，依步驟**5**的方法，進行兩次摺三摺。

7 收口處以兩手指尖壓入麵團內，滾動麵團延展成烤模的長度，放入烤模內。

8 將放麵團的烤模套上塑膠袋，或蓋上內側撒了手粉的保鮮膜，在40℃的環境下，靜置30至40分鐘，進行二次發酵。

9 將烤箱預熱至170℃，麵團膨脹後，拿掉步驟**8**的塑膠袋或保鮮膜，將麵團放在烤盤上，放入烤箱烤35至45分鐘，出爐後立刻脫模，冷卻即完成。

南瓜麵包

這是一款較為濕潤且厚重的麵團，
可作成容易膨脹的螺旋狀，
也可如P.11一樣，放入烤模內進行烘烤。

1/6份
190kcal
膳食纖維
2.5g

材料

（600g份・21×8×6cm的磅蛋糕模一條）

南瓜…200ｇ

A
- 高筋麵粉…250ｇ
- 黑糖或上白糖…10ｇ
- 鹽…½小匙（3ｇ）
- 乾燥酵母…3ｇ

水或溫水…約90ｇ

手粉（高筋麵粉）…適量

準備

■ 烤模內薄薄地塗上一層植物油。

■ 南瓜洗乾淨後，連皮一起切成2cm的小塊，以保鮮膜包裹，並注意不要疊放。放入微波爐加熱3分鐘，讓南瓜變軟。

作法

（開始製作前，請詳閱P.8至P.12的基本步驟）

1 材料A倒入調理盆內混合後，加入準備好的南瓜，以手指將材料拌勻。

2 拌勻後，分次加水，不一次全部倒入。請確認混合的狀況後再酌量倒水。混合均勻之後揉麵團，掌心施力按壓調理盆的側面和底部。

3 麵團平均上色後，大致整成圓形，放入小調理盆內。套上塑膠袋或蓋上內側撒了手粉的保鮮膜，在40℃的環境下，靜置一個小時，進行一次發酵。

4 麵團膨脹成1.5倍後，底部朝上取出，放在撒了手粉的作業檯上。

5 以手輕壓排氣，由內往外摺三摺後轉90度，再摺三摺後分成兩等分。分別將麵團整圓，蓋上保鮮膜，醒麵10分鐘。

6 麵團分別放在撒了手粉的檯面上，輕輕壓平，進行兩次摺三摺。

7 收口處以兩手指尖壓入麵團內，滾動麵團，製作兩條約25cm的長條。兩條交叉成螺旋狀，放入烤模內。

8 將放麵團的烤模套上塑膠袋，或蓋上內側撒了手粉的保鮮膜，在40℃的環境下，靜置30至40分鐘，進行二次發酵。

9 將烤箱預熱至170℃，麵團膨脹後，拿掉步驟**8**的塑膠袋或保鮮膜，將麵團放在烤盤上，放入烤箱烤35至45分鐘，出爐後立刻脫模，冷卻即完成。

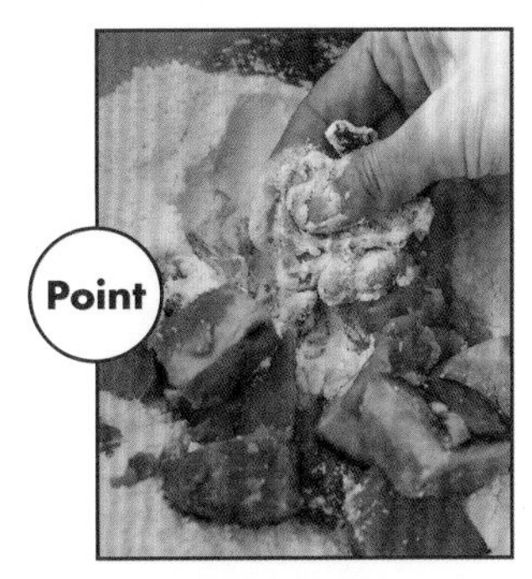

加入以微波爐加熱的南瓜，一邊以手捏碎，一邊將南瓜與麵粉拌勻。

南瓜和麵粉確實混合後加水。

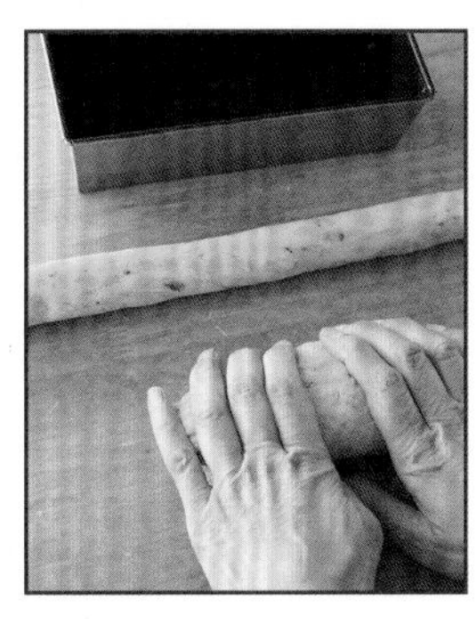

麵團滾成條狀。

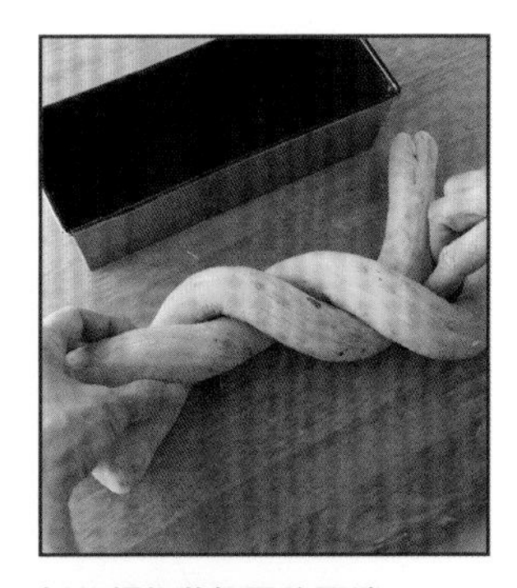

抓住螺旋狀麵團的兩端，扭轉兩條麵團，調整長度後放入烤模。

吃得到顆粒的南瓜麵包

1/6份
190kcal
膳食纖維
2.5g

材料

（600g份・25×6×6cm的磅蛋糕模一條）

南瓜…200 g

A
- 高筋麵粉…250 g
- 黑糖或上白糖…10 g
- 鹽…½小匙（3 g）
- 乾燥酵母…3 g

水或溫水…約100 g

手粉（高筋麵粉）…適量

減少揉入麵團內的南瓜，
將部分南瓜切丁捲入麵團中，
更能品嚐到南瓜的美好滋味，
享受綿密柔軟的口感。

準備

■ 烤模內薄薄地塗上一層植物油。

■ 南瓜洗乾淨後，取80g連皮一起切成7至8mm的小丁。剩下的南瓜切成2cm的塊狀，以保鮮膜包起來，放入微波爐加熱2分鐘，讓南瓜變軟。為了保留南瓜的口感，切成小丁的南瓜不必加熱。

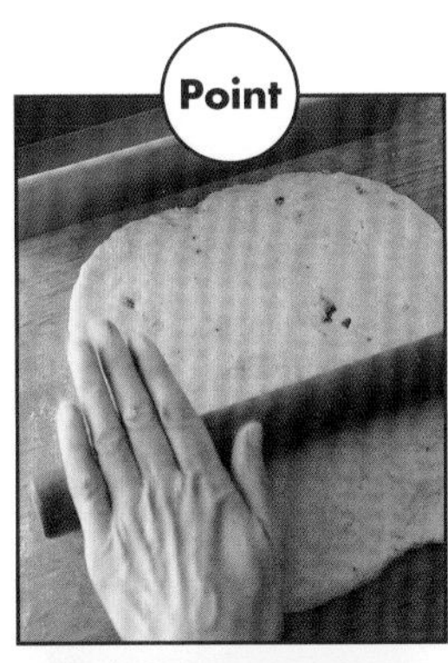

以擀麵棍將麵團擀成正方形。

麵團外側邊緣留下**2cm**的寬度（為了捏合麵團），其餘部分撒上切好的南瓜丁，從內側開始捲。

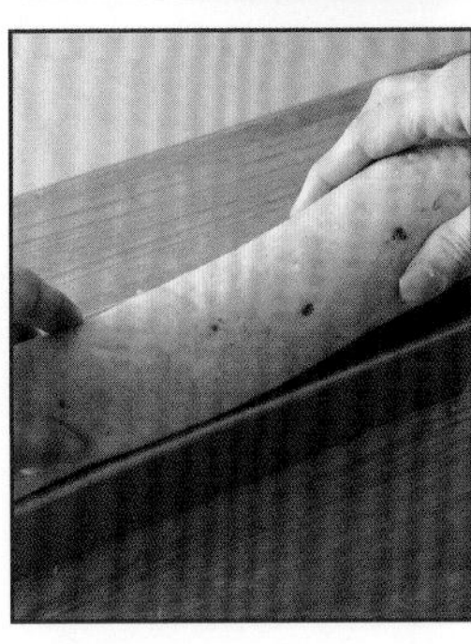

收口部分壓入麵團內側後，滾動一下麵團，配合烤模調整大小並放入烤模內。

作法

（開始製作前，請詳閱P.8至P.12的基本步驟）

1 材料A倒入調理盆內混合後，將加熱軟化的南瓜加入，以手指捏碎和麵粉混合。

2 南瓜與麵粉拌勻後，加水。分次加水，不一次全部倒入。請確認混合的狀況後再酌量倒水。混合均勻之後揉麵團，掌心施力按壓調理盆的側面和底部。

3 麵團平均上色後，大致整成圓形，放入小調理盆內。套上塑膠袋或蓋上內側撒了手粉的保鮮膜，在40℃的環境下，靜置一個小時，進行一次發酵。

4 麵團膨脹成1.5倍後，底部朝上取出，放在撒了手粉的作業檯上。

5 以手輕壓麵團排氣，由內往外摺成三摺後轉90度，再摺三摺，重新整成圓形。蓋上保鮮膜，醒麵5分鐘。

6 麵團放在撒了手粉的檯面上，輕輕壓平，依步驟**5**的方法，進行兩次摺三摺。以擀麵棍將麵團擀成正方形，邊長與約與烤模長度等長。

7 麵團外緣空出2cm寬，其餘部分撒上切好的南瓜丁，從內側開始捲起麵團。收口以指尖壓入麵團內，滾動一下麵團，配合烤模調整大小並放入烤模內。

8 將放麵團的烤模套上塑膠袋，或蓋上內側撒了手粉的保鮮膜，在40℃的環境下，靜置30至40分鐘，進行二次發酵。

9 將烤箱預熱至170℃。麵團膨脹後，拿掉步驟**8**的塑膠袋或保鮮膜，將麵團放在烤盤上，放入烤箱烤35至45分鐘，出爐後立刻脫模，冷卻即完成。

1/6份
184kcal
膳食纖維
2.8g

青豆麵包

材料

（600g份・18×8×6cm的磅蛋糕模一條）

冷凍青豆…150 g

A
- 高筋麵粉…250 g
- 黑糖或上白糖…10 g
- 鹽…½小匙（3 g ）
- 乾燥酵母…3 g

水或溫水…約80 g

手粉（高筋麵粉）…適量

冷凍青豆帶有甜味且營養豐富。
剛出爐的鬆軟美味，
絕對會讓人想一嚐再嚐。

準備

- 烤模內薄薄地塗上一層植物油。
- 將青豆上的結霜稍微去掉，放入耐熱容器中，以微波爐加熱2分鐘解凍。

以手指將青豆捏碎與麵粉混合。

麵團分成兩等分，分別滾成烤模長度的棒狀。

麵團一起塞入烤模內，進行二次發酵。可依個人喜好塑形，如**P.11**亦可。

作法

（開始製作前，請詳閱P.8至P.12的基本步驟）

1 材料A倒入調理盆內混合後，加入準備好的青豆，以手指捏碎和麵粉混合。

2 確實拌勻材料，加水。分次加水，不一次全部倒入。請確認混合的狀況後再酌量倒水。混合均勻之後揉麵團，掌心施力按壓調理盆的側面和底部。

3 麵團揉勻後，大致整理成圓形，放入小調理盆內。套上塑膠袋或蓋上內側撒了手粉的保鮮膜，在40℃的環境下，靜置一個小時，進行一次發酵。

4 麵團膨脹成1.5倍後，底部朝上取出，放在撒了手粉的作業檯上。

5 以手輕壓麵團排氣，由內往外摺成三摺後轉90度，再摺三摺，將麵團分成兩等分，分別重新整成圓形，蓋上保鮮膜，醒麵10分鐘。

6 麵團分別放在撒了手粉的檯面上，輕輕壓平，進行兩次摺三摺。

7 收口以指尖壓入麵團內，滾動麵團延展成烤模的長度。兩條麵團皆處理好之後，一起放入烤模內。

8 將放麵團的烤模套上塑膠袋，或蓋上內側撒了手粉的保鮮膜，在40℃的環境下，靜置30至40分鐘，進行二次發酵。

9 將烤箱預熱至170℃，麵團膨脹後，拿掉步驟**8**的塑膠袋或保鮮膜，將麵團放在烤盤上，放入烤箱烤35至45分鐘，出爐後立刻脫模，冷卻即完成。

花椰菜佛卡夏

除了另外加入起司粉之外，
其他作法皆與P.8的食譜相同。
起司粉的用量可依喜好添加，
也可以加入披薩用起司進行烘烤（圖右後方）。

1份
359kcal
膳食纖維
4.8g

（不加起司的狀況）

材料

（3份）

花椰菜…150ｇ

A
- 高筋麵粉…250ｇ
- 起司粉…15ｇ
- 黑糖或上白糖…10ｇ
- 鹽…½小匙（3ｇ）
- 乾燥酵母…3ｇ

水或溫水…約115ｇ

喜歡的披薩用起司…適量

手粉（高筋麵粉）…適量

準備

■ 花椰菜分成小朵，以保鮮膜包住，放入微波爐加熱1分30秒至2分鐘，取出冷卻後切碎。食材若為水溶性膳食纖維，不建議水煮，請先放入微波爐加熱。

■ 烤盤上鋪好烘焙紙備用。

以擀麵棍按壓麵團，作出圓形片狀。

手指沾麵粉，插入麵團內，作出一個一個小洞。

以牙籤戳一下小洞的中央，可減少麵團的膨脹程度，烤出平整、美觀的麵包。

作法

（開始製作前，請詳閱P.8至P.12的基本步驟）

1 材料A倒入調理盆內混合後，將準備好的花椰菜倒入，以橡皮刮刀拌勻。

2 分次加水，不一次全部倒入。請確認混合的狀況後再酌量倒水。混合均勻之後揉麵團，掌心施力按壓調理盆的側面和底部。

3 花椰菜與所有材料混合後，將麵團大致整成圓形，放入小調理盆內。套上塑膠袋或蓋上內側撒了手粉的保鮮膜，在40℃的環境下，靜置一個小時，進行一次發酵。

4 麵團膨脹成1.5倍後，底部朝上取出，放在撒了手粉的作業檯上。

5 以手輕壓麵團排氣，由內往外摺成三摺後轉90度，再摺三摺，將麵團分成三等分，分別重新整成圓形，蓋上保鮮膜，醒麵10分鐘。

6 麵團分別放在撒了手粉的檯面上，輕輕壓平，進行兩次摺三摺後，整成圓形。

7 以擀麵棍將麵團分別壓成直徑15cm的圓片，排在鋪了烘焙紙的烤盤上，套上塑膠袋或蓋上內側撒了手粉的保鮮膜，在40℃的環境下，靜置30至40分鐘，進行二次發酵。

8 麵團膨脹後，拿掉塑膠袋或保鮮膜，手指沾麵粉後在麵團上戳數個小洞，再以牙籤戳刺小洞中央，可幫助烤出平整的麵包。

9 將烤箱預熱至170℃。依喜好在步驟**8**的麵團上撒上起司，放入烤箱烤約20分鐘，烤好後立刻取出放在網架上，冷卻即完成。

菠菜腰果麵包

1/6份
212kcal
膳食纖維
2.5g

材料

（600g份・18×8×6cm的磅蛋糕模一條）

菠菜…150 g

烘烤過的腰果…50 g

A
- 高筋麵粉…250 g
- 黑糖或上白糖…10 g
- 鹽…½小匙（3 g ）
- 乾燥酵母…3 g

水或溫水…約85 g

手粉（高筋麵粉）…適量

腰果的香氣能消除菠菜的澀味，
使味道變得更美味，也能增加膳食纖維含量。

準備

■將腰果切碎。

■烤模內塗上一層薄薄的植物油。

■菠菜充分以水汆燙去除澀味，撈出後盡快冷卻。冷卻後用力擠掉水分，切碎後再次擠出水分，菠菜總重量約下降為100g。

將完成一次發酵的麵團分成三等分，分別整成圓形，醒麵**10**分鐘。

麵團分別由內往外摺三摺後，轉**90**度再摺三摺。滾動麵團，三個麵團的長度皆等同於烤模的寬度。

將三個麵團並排放入烤模內。以長條烤模烘烤時，兩端的麵團要貼著烤模，中間的麵團和兩端的麵團之間要稍微留一些空間，烘烤時比較容易膨脹。

作法

（開始製作前，請詳閱P.8至P.12的基本步驟）

1 材料A倒入調理盆內混合後，將準備好的菠菜和腰果倒入，以手指拌勻所有材料。

2 材料確實混合後，加水。分次加水，不一次全部倒入。請確認混合的狀況後再酌量倒水。混合均勻之後揉麵團，掌心施力按壓調理盆的側面和底部。

3 麵團揉勻後，大致整成圓形，放入小調理盆內。套上塑膠袋或蓋上內側撒了手粉的保鮮膜，在40℃的環境下，靜置一個小時，進行一次發酵。

4 麵團膨脹成1.5倍後，底部朝上取出，放在撒了手粉的作業檯上。

5 以手輕壓麵團排氣，由內往外摺成三摺後轉90度，再摺三摺，將麵團分成三等分。分別將麵團整圓，蓋上保鮮膜，醒麵10分鐘。

6 麵團放在撒了手粉的檯面上，輕輕壓平，進行兩次摺三摺。收口以指尖壓入麵團內，滾動麵團，使麵團的長度約等同於烤模的寬度。

7 將三個麵團並排放入烤模內。

8 將放麵團的烤模套上塑膠袋，或蓋上內側撒了手粉的保鮮膜，在40℃的環境下，靜置30至40分鐘，進行二次發酵。

9 烤箱預熱至170℃，麵團膨脹後，拿掉步驟**8**的塑膠袋或保鮮膜，將麵團放在烤盤上，放入烤箱烤35至45分鐘，出爐後立刻脫模，冷卻即完成。

1/6份
187kcal
膳食纖維
2.4g

玉米麵包

除了罐裝玉米之外，也可使用水煮的調理包玉米。
和麵粉混合時，以手指捏破玉米粒。
這款麵包有著玉米自然的甘甜味，好吃得令人讚不絕口。

材料

（600g份・25×6×6cm的磅蛋糕模一條）

玉米罐（整罐）…200 g

A
- 高筋麵粉…250 g
- 黑糖或上白糖…10 g
- 鹽…½小匙（3 g ）
- 乾燥酵母…3 g

水或溫水…約50 g

手粉（高筋麵粉）…適量

準備

■ 烤模內塗上一層薄薄的植物油。

以手指捏破玉米粒，並和麵粉拌勻。

麵團放入烤模後，以掌心將表面壓平，如左圖所示。二次發酵的膨脹程度如右圖所示，以這種狀態放入烤箱內烘烤。

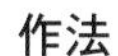

作法

（開始製作前，請詳閱P.8至P.12的基本步驟）

1 玉米先以濾網濾掉湯汁。

2 材料A倒入調理盆內混合後，倒入步驟**1**的玉米，以手指捏破玉米粒，並與麵粉混合。

3 材料混合均勻後，加水。分次加水，不一次全部倒入。請確認混合的狀況後再酌量倒水。混合均勻之後揉麵團，掌心施力按壓調理盆的側面和底部。

4 麵團揉勻後，大致整成圓形，放入小調理盆內。套上塑膠袋或蓋上內側撒了手粉的保鮮膜，在40℃的環境下，靜置一個小時，進行一次發酵。

5 麵團膨脹成1.5倍後，底部朝上取出，放在撒了手粉的作業檯上。

6 以手輕壓麵團排氣，由內往外摺成三摺後轉90度，再摺三摺，重新整成圓形。蓋上保鮮膜，醒麵5分鐘。

7 麵團放在撒了手粉的檯面上，輕輕壓平，依步驟**6**的方法進行兩次摺三摺。收口處以指尖壓入麵團內，滾動麵團延展成烤模的長度，放入烤模內。

8 將放麵團的烤模套上塑膠袋，或蓋上內側撒了手粉的保鮮膜，在40℃的環境下，靜置30至40分鐘，進行二次發酵。

9 將烤箱預熱至170℃，麵團膨脹後，拿掉步驟**8**的塑膠袋或保鮮膜，將麵團放在烤盤上，放入烤箱烤35至45分鐘，出爐後立刻脫模，冷卻即完成。

1/6份
206kcal
膳食纖維
2.6g

酪梨麵包

酪梨含有兩種膳食纖維，
水溶性和不溶性的比例為**1:2**，
對於體內環保相當有幫助。

酪梨

酪梨去皮後，100g的果肉中含有水溶性膳食纖維1.7g，不溶性膳食纖維3.6g，合計5.3g的膳食纖維。

材料

（600g份・25×6×6cm的磅蛋糕模一條）

酪梨…果肉150 g

A
- 高筋麵粉…250 g
- 黑糖或上白糖…10 g
- 鹽…½小匙（3 g）
- 乾燥酵母…3 g

水或溫水…約70 g

手粉（高筋麵粉）…適量

準備

■ 烤模內塗上一層薄薄的植物油。

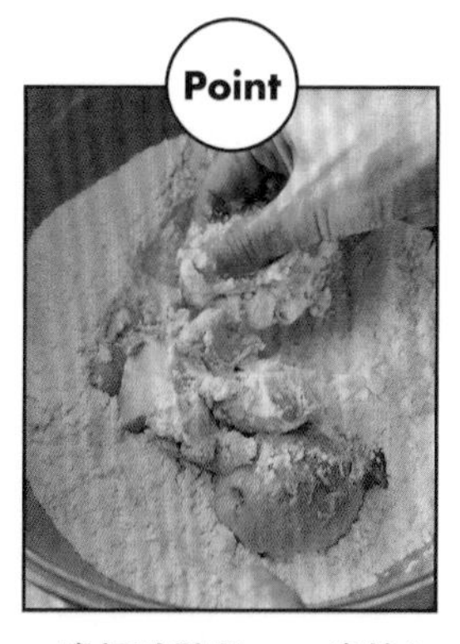

一邊捏碎酪梨，一邊拌勻材料。

作法

（開始製作前，請詳閱P.8至P.12的基本步驟）

1 材料A倒入調理盆內混合。

2 刀子在酪梨上縱向對半劃開，順著切痕取下一半的果肉，將刀刃插入果核，轉動刀子就能取出果核。以湯匙分次挖取果肉，加入步驟**1**內，捏碎後和麵粉混合。

3 分次加水，不一次全部倒入。請確認混合的狀況後再酌量倒水。混合均勻之後揉麵團，掌心施力按壓調理盆的側面和底部。

4 麵團揉勻後，大致整成圓形，放入小調理盆內。套上塑膠袋或蓋上內側撒了手粉的保鮮膜，在40℃的環境下，靜置一個小時，進行一次發酵。

5 麵團膨脹成1.5倍後，底部朝上取出，放在撒了手粉的作業檯上。

6 以手輕壓麵團排氣，由內往外摺成三摺後轉90度，再摺三摺，重新整成圓形。蓋上保鮮膜，醒麵5分鐘。

7 麵團放在撒了手粉的檯面上，輕輕壓平，依步驟**6**的方法，進行兩次摺三摺。

8 收口以指尖壓入麵團內，滾動麵團延展成烤模的長度，放入烤模內。

9 將放麵團的烤模套上塑膠袋，或蓋上內側撒了手粉的保鮮膜，在40℃的環境下，靜置30至40分鐘，進行二次發酵。

10 將烤箱預熱至170℃，麵團膨脹後，拿掉步驟**9**的塑膠袋或保鮮膜，將麵團放在烤盤上，放入烤箱烤35至45分鐘，出爐後立刻脫模，冷卻即完成。

綠橄欖酪梨麵包

酪梨的味道和橄欖十分合拍，
建議將橄欖切片捲入麵包內，
橄欖的鹽分可為麵包增添風味，
讓人不由得想搭配紅酒一起享用！

1/6份
215kcal
膳食纖維
2.8g

材料

（600g份）

酪梨…果肉150ｇ

綠橄欖…15粒（50ｇ）

A
- 高筋麵粉…250ｇ
- 黑糖或上白糖…10ｇ
- 鹽…½小匙（3ｇ）
- 乾燥酵母…3ｇ

水或溫水…約70ｇ

手粉（高筋麵粉）…適量

準備

■ 綠橄欖切片，每一粒約切成3至4等分。切好的橄欖放在烘焙紙上，稍微去掉水分。

■ 烤盤鋪烘焙紙備用。

作法

（開始製作前，請詳閱P.8至P.12的基本步驟）

1 材料A倒入調理盆內混合。

2 刀子在酪梨上縱向對半劃開，順著切痕取下一半的果肉，將刀刃插入果核，轉動刀子就能取出果核。以湯匙分次挖取果肉，加入步驟**1**內，捏碎後和麵粉混合。

3 分次加水，不一次全部倒入。請確認混合的狀況後再酌量倒水。混合均勻之後揉麵團，掌心施力按壓調理盆的側面和底部。

4 麵團揉勻後，大致整成圓形，放入小調理盆內。套上塑膠袋或蓋上內側撒了手粉的保鮮膜，在40℃的環境下，靜置一個小時，進行一次發酵。

5 麵團膨脹成1.5倍後，底部朝上取出，放在撒了手粉的作業檯上。

6 以手輕壓麵團排氣，由內往外摺成三摺後轉90度，再摺三摺，重新整成圓形。蓋上保鮮膜，醒麵5分鐘。

7 麵團放在撒了手粉的檯面上，輕輕壓平，依步驟**6**的方法，進行兩次摺三摺。

8 以擀麵棍將麵團按壓成邊長20cm的正方形，外緣空出2cm寬，其餘部分撒上準備好的橄欖，由內側開始向外捲繞麵團。

9 收口以指尖壓入麵團內，收口朝下，將麵團放在烤盤上。

10 將放麵團的烤盤套上塑膠袋，或蓋上內側撒了手粉的保鮮膜，在40℃的環境下，靜置30至40分鐘，進行二次發酵。

11 烤箱預熱至170℃。麵團膨脹後，拿掉步驟**10**的塑膠袋或保鮮膜，將麵團送入烤箱，烘烤35至45分鐘，出爐後立刻放在網架上，冷卻即完成。

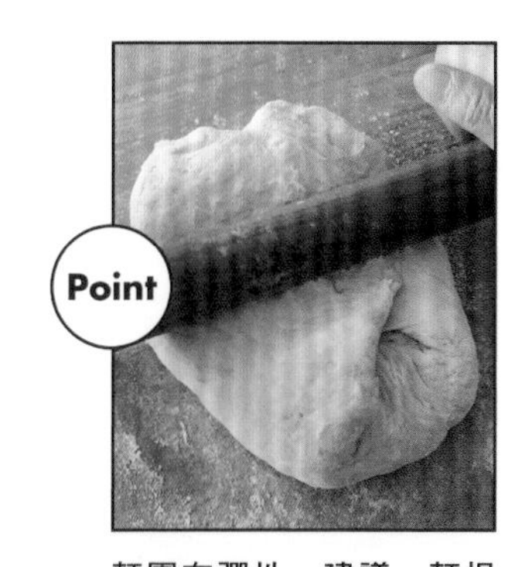

麵團有彈性，建議　麵棍從上方按壓將麵團整平。接著滾動擀麵棍，將麵團擀成邊長20cm的正方形。

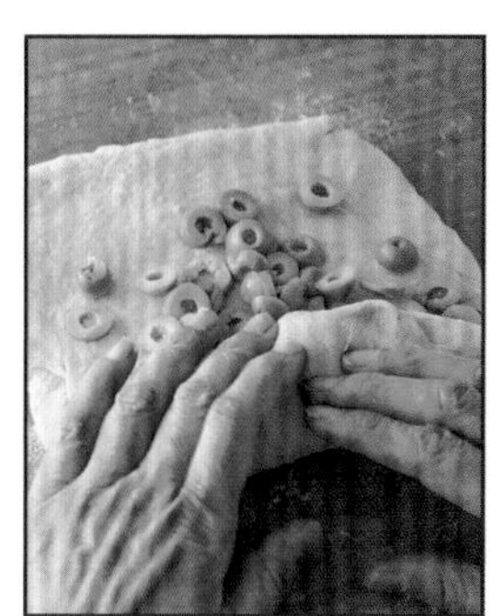

整平的麵團外緣空出2cm寬，其餘部分撒上橄欖，從內側開始向外捲起麵團。

收尾時，以兩手指尖將收口壓入麵團內，滾動麵團整形，讓表面變得平順。

放入預熱至170℃的烤箱內烘烤。

地瓜×芝麻麵包

地瓜切片，取部分放入微波爐加熱後和麵粉混合，
其餘的地瓜切成小丁拌入麵團，可保有咀嚼口感。

1/6份
216kcal
膳食纖維
2.4g

材料

（600g份・25×6×6cm的磅蛋糕模一條）

地瓜…150ｇ

A
- 高筋麵粉…250ｇ
- 炒黑芝麻…20ｇ
- 黑糖或上白糖…10ｇ
- 鹽…½小匙（3ｇ）
- 乾燥酵母…3ｇ

水或溫水…約150ｇ

手粉（高筋麵粉）…適量

炒黑芝麻

20g黑芝麻中含有2.4g膳食纖維，比起白芝麻，黑芝麻所含的油脂成分較低。

準備

- 烤模內塗上一層薄薄的植物油。
- 將100g的地瓜連皮切成7至8mm的小丁。剩下的50g切成塊狀，以水沾濕後，包入保鮮膜中，以微波爐加熱1分鐘，讓地瓜變軟。

作法

（開始製作前，請詳閱P.8至P.12的基本步驟）

1 材料A倒入調理盆內混合。

2 將已加熱的地瓜塊捏碎，倒入調理盆中，以手指將麵粉與地瓜拌勻。材料拌勻後再加入切丁的地瓜。

3 分次加水，不一次全部倒入。請確認混合的狀況後再酌量倒水。混合均勻之後揉麵團約2分鐘，掌心施力按壓調理盆的側面和底部。

4 麵團大致整成圓形，放入小調理盆內。套上塑膠袋或蓋上內側撒了手粉的保鮮膜，在40℃的環境下，靜置一個小時，進行一次發酵。

5 麵團膨脹成1.5倍後，底部朝上取出，放在撒了手粉的作業檯上。

6 以手輕壓麵團排氣，由內往外摺成三摺後轉90度，再摺三摺，將麵團分成六等分。每個麵團依序以手罩住，順時針轉動麵團，底部摩擦檯面，整成圓形後蓋上保鮮膜，醒麵5分鐘。

7 麵團分別放在撒了手粉的檯面上，輕輕壓平，依步驟**6**的方法，進行兩次摺三摺。整成圓形後，若加入的地瓜丁露出於表面，要將地瓜丁包入麵團內，避免烘烤時水分流失而變硬。

8 將六個圓形麵團連接起來，一起放入烤模後，套上塑膠袋或蓋上內側撒了手粉的保鮮膜，在40℃的環境下，靜置30至40分鐘，進行二次發酵。

9 烤箱預熱至170℃，麵團膨脹後，拿掉步驟**8**的塑膠袋或保鮮膜，將麵團放在烤盤上，放入烤箱烤35至45分鐘，出爐後立刻脫模，冷卻即完成。

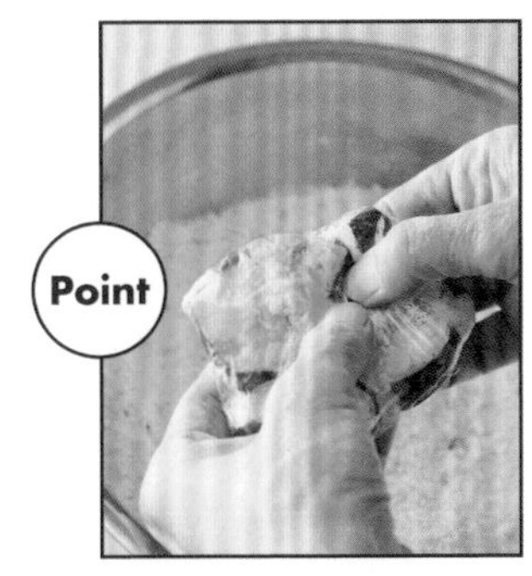

加熱後的地瓜先大致壓碎，加入調理盆中，一邊繼續捏碎，一邊與麵粉混合。

捏碎的地瓜和麵粉混合後，再加入切成小丁的地瓜。

麵團分成六等分，每個麵團依序以手包覆，順時針轉動整成圓形。

六個麵團排成一列，兩手將麵團同時拿起放入烤模內。

1個
172kcal
膳食纖維
2.8g

小松菜×豆渣麵包

材料

（6個份）

小松菜…150 g

豆渣…50 g

A
- 高筋麵粉…250 g
- 黑糖或上白糖…10 g
- 鹽…½小匙（3 g ）
- 乾燥酵母…3 g

水或溫水…約80 g

手粉（高筋麵粉）…適量

豆渣

50g豆渣就能攝取到5.75g膳食纖維，還能幫助保持麵團的濕潤度。

豆渣富含膳食纖維且熱量低，
是非常優秀的食材。
如果一次無法使用完畢，可冷凍保存。

準備

■ 小松菜以保鮮膜包好，放入微波爐加熱2分鐘。冷卻後切碎，輕輕擠掉水分（重量降至約130g）。

■ 烤盤鋪烘焙紙備用。

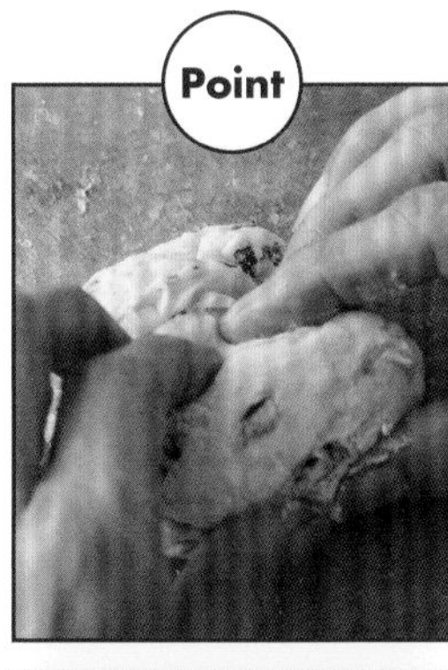

麵團完成發酵後，將麵團壓平摺三摺，轉**90**度後再摺三摺。

手輕輕將摺三摺的麵團罩住，底部摩擦檯面整圓。

烤盤上的六個麵團可稍微碰在一起，也可略留空間，排成一圈。

作法

（開始製作前，請詳閱P.8至P.12的基本步驟）

1 材料A倒入調理盆內混合。

2 加入準備好的小松菜和豆渣，以橡皮刮刀確實拌勻。

3 分次加水，不一次全部倒入。請確認混合的狀況後再酌量倒水。混合均勻之後揉麵團約2分鐘，掌心施力按壓調理盆的側面和底部。

4 麵團大致整成圓形，放入小調理盆內。套上塑膠袋或蓋上內側撒了手粉的保鮮膜，在40℃的環境下，靜置一個小時，進行一次發酵。

5 麵團膨脹成1.5倍後，底部朝上取出，放在撒了手粉的作業檯上。

6 以手輕壓麵團排氣，由內往外摺成三摺後轉90度，再摺三摺，將麵團分成六等分，分別整圓，並蓋上保鮮膜，醒麵10分鐘。

7 麵團分別放在撒了手粉的檯面上，輕輕壓平，進行兩次摺三摺後整成圓形。每個麵團依序以手罩住，順時針轉動麵團，底部摩擦檯面，整成圓形。

8 將步驟**7**作好的麵團稍微碰在一起，在烤盤上排成一圈，套上塑膠袋或蓋上內側撒了手粉的保鮮膜，在40℃的環境下，靜置30至40分鐘，進行二次發酵。

9 烤箱預熱至170℃，麵團膨脹後，拿掉步驟**8**的塑膠袋或保鮮膜，將麵團放入烤箱烤20至25分鐘，出爐後立刻置於網架上，冷卻即完成。

1/6份
160kcal
膳食纖維
2.7g

牛蒡拖鞋麵包

牛蒡有著極豐富的膳食纖維，
加入麵包內烘烤，會產生焦香味，
塗上奶油，美味令人難以抗拒。

材料

（600g份）

牛蒡…150 g

A
- 高筋麵粉…250 g
- 黑糖或上白糖…10 g
- 鹽…½小匙（3 g ）
- 乾燥酵母…3 g

水或溫水…約165 g

手粉（高筋麵粉）…適量

準備

■ 將牛蒡刷洗乾淨後，細切成5mm寬的長條，再從尾端開始切成5mm的小丁。為了不要流失水溶性膳食纖維，請不要事先泡水。

■ 烤盤鋪烘焙紙備用。

作法

（開始製作前，請詳閱P.8至P.12的基本步驟）

1 材料A倒入調理盆內混合。

2 加入準備好的牛蒡，以橡皮刮刀確實拌勻。

3 水沿著調理盆的周圍倒一圈，將材料混合均勻至沒有粉狀。由於麵團水分較多，不需要揉麵團，混合之後，麵團大致整成圓形，放入小調理盆內。

4 將步驟**3**的小調理盆套上塑膠袋，或蓋上內側撒了手粉的保鮮膜，在40℃的環境下，靜置一個小時，進行一次發酵。

5 麵團膨脹成1.5倍後撒上手粉。作業檯先鋪上保鮮膜再撒粉，將麵團底部朝上取出，放在保鮮膜上。

6 握著保鮮膜的兩端，滾動麵團整圓。為了不要讓麵團沾黏，以保鮮膜蓋住麵團塑形。整成橢圓形後將麵團放在烤盤上，並拿掉保鮮膜。

7 將放麵團的烤盤套上塑膠袋，或蓋上內側撒了手粉的保鮮膜，在40℃的環境下，靜置30至40分鐘，進行二次發酵。

8 烤箱預熱至170℃，麵團膨脹後，拿掉步驟**7**的塑膠袋或保鮮膜，將麵團放入烤箱，烤35至45分鐘，烤好後立刻取出放在網架上，冷卻即完成。

放入切成小丁的牛蒡，以橡皮刮刀將牛蒡與麵粉確實拌勻。

由於是富含水分的麵團，質地較軟又容易沾黏，在作業檯鋪上大片的保鮮膜，並撒上許多手粉後，將麵團放在保鮮膜上整形。

將麵團整成橢圓形，連同保鮮膜一起放到烤盤上，拿掉保鮮膜後，進行二次發酵。

1/6份
216kcal
膳食纖維
3.2g

蘿蔔絲乾×芝麻麵包

這款麵包使用了35g蘿蔔絲乾，
其中就含有約7g膳食纖維。
由於含有較多的不溶性膳食纖維，
有助於促進腸胃蠕動。

材料

（600g份・25×6×6cm的磅蛋糕模一條）

蘿蔔絲乾…35 g

A
- 高筋麵粉…250 g
- 炒白芝麻…35 g
- 黑糖或上白糖…10 g
- 鹽…½小匙（3 g）
- 乾燥酵母…3 g

水或溫水…約140 g

手粉（高筋麵粉）…適量

準備

- 烤模內塗上一層薄薄的植物油。
- 蘿蔔絲乾洗淨後，去掉水分，再以廚用剪刀剪成1cm的小段。

作法

（開始製作前，請詳閱P.8至P.12的基本步驟）

1 材料A倒入調理盆內混合後，將準備好的蘿蔔絲乾倒入，以手拌勻。

2 分次加水，不一次全部倒入。請確認混合的狀況後再酌量倒水。混合均勻之後揉麵團，掌心施力按壓調理盆的側面和底部。

3 麵團揉勻後，大致整成圓形，放入小調理盆內。套上塑膠袋或蓋上內側撒了手粉的保鮮膜，在40℃的環境下，靜置一個小時，進行一次發酵。

4 麵團膨脹成1.5倍後，底部朝上取出，放在撒了手粉的作業檯上。

5 以手輕壓麵團排氣，由內往外摺成三摺後轉90度，再摺三摺，重新整成圓形。蓋上保鮮膜，醒麵5分鐘。

6 麵團放在撒了手粉的檯面上，輕輕壓平，依步驟**5**的方法，進行兩次摺三摺。

7 收口處以兩手指尖壓入麵團內，滾動麵團延展成烤模的長度，放入烤模內。

8 將放麵團的烤模套上塑膠袋，或蓋上內側撒了手粉的保鮮膜，在40℃的環境下，靜置30至40分鐘，進行二次發酵。

9 將烤箱預熱至170℃，麵團膨脹後，拿掉步驟**8**的塑膠袋或保鮮膜，將麵團放在烤盤上，放入烤箱烤35至45分鐘，出爐後立刻脫模，冷卻即完成。

Point

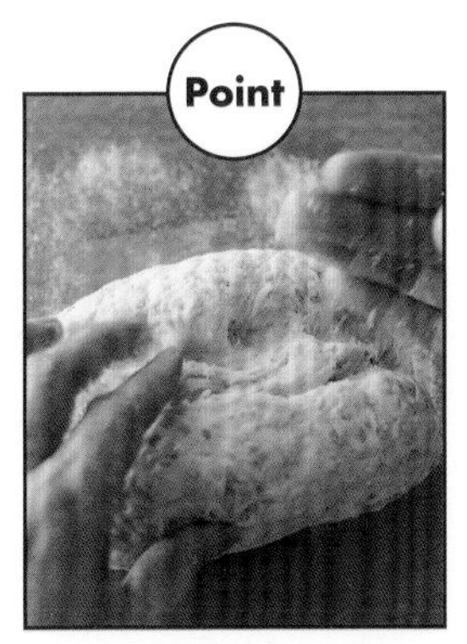

發酵後的麵團進行兩次的摺三摺，收口壓入麵團並整圓，滾動至整體呈現平滑感。

黑豆×芝麻粉麵包
黃豆×羅勒麵包
炒黃豆×黃豆粉麵包

富含滿滿豆類&雜糧的麵包

Part 2

很多人都知道豆類和雜糧對健康有諸多益處，
卻總是苦惱著無法善用它們作出美味的料理。
本單元推薦富含豆類和雜糧的美味麵包！
不但容易製作又很好吃，
請嘗試製作各種高纖麵包，
藉由飲食，讓生活更加健康。

大豆包括黃豆、青豆與黑豆，可依喜好挑選

炒黑豆

黑豆也是大豆的一種。和炒黃豆一樣，將泡過水的黑豆晾乾後再炒過。膳食纖維含量和炒黃豆幾乎相同。

炒黃豆

將泡過水的黃豆乾燥後再炒過，日本「撒豆驅魔」的傳統活動就是使用這種炒黃豆。100g炒黃豆中含有17.1g膳食纖維。

黃豆粉

將炒過的黃豆磨成粉。100g連皮磨成的黃豆粉含有16.9g膳食纖維；去皮磨的則有13.7g。

水煮黃豆

有出許多罐裝或袋裝種類。由於沒有調味，口感又軟，適合運用在各種料理中。100g水煮黃豆含有6.8g膳食纖維。

青豆粉

炒過的青豆去皮後磨成粉。由於青豆呈淡綠色，揉好的麵團也會有著微微的綠色。膳食纖維含量約略等同黃豆粉。

1/6份
196kcal
膳食纖維
3.9g

炒黃豆×黃豆粉麵包

炒黃豆的顆粒口感，和黃豆粉的香氣十分搭配。
麵包嚼勁十足，請仔細咀嚼品嚐。

材料

（600g份・21×8×6cm的磅蛋糕模一條）

炒黃豆…40 g

A
- 高筋麵粉…200 g
- 黃豆粉…50 g
- 黑糖或上白糖…10 g
- 鹽…½小匙（3 g ）
- 乾燥酵母…3 g

水或溫水…約165 g

手粉（高筋麵粉）…適量

準備

■ 烤模內塗上一層薄薄的植物油。

麵團整成約與烤模等長，擀成長方形後，麵團外緣空出2cm寬，其餘部分撒上炒黃豆。

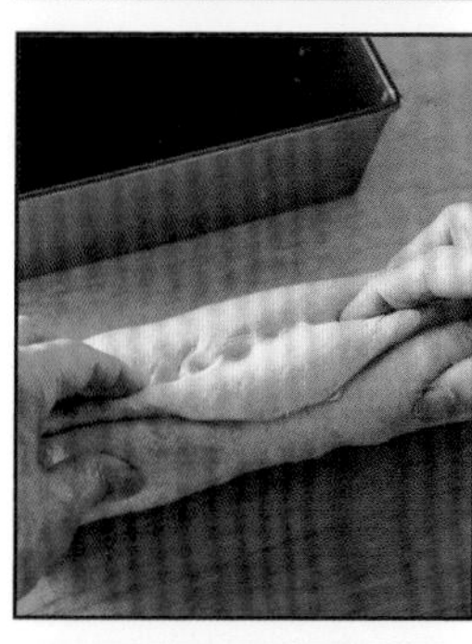

麵團的收口以兩手指尖壓入麵團內側，滾動麵團至表面平滑。

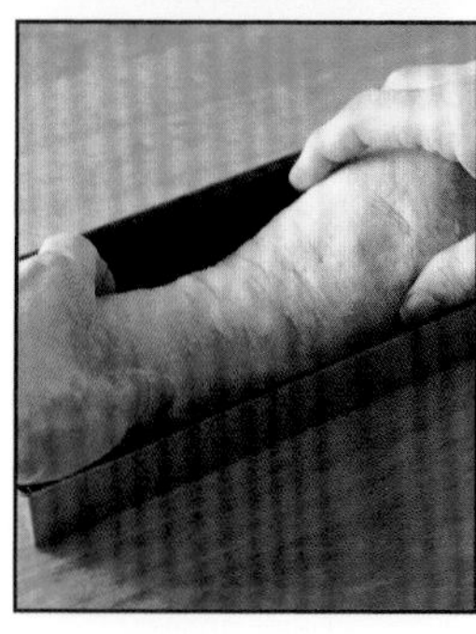

麵團收口朝下放入烤模內。若有黃豆露出麵團，一定要將黃豆塞入麵團內再烘烤。

作法

（開始製作前，請詳閱P.8至P.12的基本步驟）

1 材料A倒入調理盆內混合。分次加水，不一次全部倒入，以手或橡皮刮刀拌勻，確認混合的狀況後再酌量倒水。拌勻之後揉麵團，掌心施力按壓調理盆的側面和底部，並將麵團大致整成圓形，放入小調理盆內。

2 將步驟**1**的小調理盆套上塑膠袋，或蓋上內側撒了手粉的保鮮膜，在40℃的環境下，靜置一個小時，進行一次發酵。

3 麵團膨脹成1.5倍後，底部朝上取出，放在撒了手粉的作業檯上。

4 以手輕壓麵團排氣，由內往外摺成三摺後轉90度，再摺三摺，重新整成圓形。蓋上保鮮膜，醒麵5分鐘。

5 麵團放在撒了手粉的檯面上，輕輕壓平，以擀麵棍將麵團擀成長方形，長度與烤模等長。

6 麵團外緣空出2cm寬，其餘部分撒上炒黃豆，由內向外捲繞麵團，收尾時收口以兩手指尖壓入麵團內，滾動麵團延展成烤模的長度後，放入烤模內。

7 將放麵團的烤模套上塑膠袋，或蓋上內側撒了手粉的保鮮膜，在40℃的環境下，靜置30至40分鐘，進行二次發酵。

8 烤箱預熱至160℃，麵團膨脹後，拿掉步驟**7**的塑膠袋或保鮮膜，將麵團放在烤盤上，放入烤箱烤40至50分鐘。這款麵包烘烤時容易上色，可設定較低溫慢慢烘烤。出爐後立刻脫模，冷卻即完成。

黃豆×羅勒麵包

材料

（600g份・25×6×6cm的磅蛋糕模一條）

水煮黃豆…100ｇ

羅勒葉…10ｇ

A
- 高筋麵粉…250ｇ
- 黑糖或上白糖…10ｇ
- 鹽…½小匙（3ｇ）
- 乾燥酵母…3ｇ

水或溫水…約150ｇ

手粉（高筋麵粉）…適量

能夠充分享受黃豆本身帶有的自然甜味
混合黃豆和粉類時，
以手指頭粗略地將黃豆捏碎，
能夠讓麵包更加美味。

準備

- 將水煮黃豆瀝乾。
- 取羅勒葉的葉片部位，切碎。
- 烤模內塗上一層薄薄的植物油。

一邊將水煮黃豆捏碎，一邊將黃豆與麵粉混合。不需要全部都捏碎，只要捏碎一半以上的黃豆即可。

一次發酵前麵團的狀態。將麵團混合至這種狀態即可。

一次發酵後麵團的狀態。膨脹至這個狀態時，即可排氣重新整圓，然後讓麵團再次休息。

作法

（開始製作前，請詳閱P.8至P.12的基本步驟）

1 材料A倒入調理盆內混合後，加入水煮黃豆，一邊粗略地捏碎黃豆，一邊拌勻材料。

2 倒入羅勒葉稍微攪拌，加水。分次加水，不一次全部倒入。請確認混合的狀況後再酌量倒水。混合均勻之後揉麵團，掌心施力按壓調理盆的側面和底部。

3 麵團大致整成圓形，放入小調理盆內。套上塑膠袋或蓋上內側撒了手粉的保鮮膜，在40℃的環境下，靜置一個小時，進行一次發酵。

4 麵團膨脹成1.5倍後，底部朝上取出，放在撒了手粉的作業檯上。

5 以手輕壓麵團排氣，由內往外摺成三摺後轉90度，再摺三摺，重新整成圓形。蓋上保鮮膜，醒麵5分鐘。

6 麵團放在撒了手粉的檯面上，輕輕壓平，依步驟**5**的方法，進行兩次摺三摺。

7 收尾時收口以指尖壓入麵團內，滾動麵團延展成烤模的長度，放入烤模內。

8 將放麵團的烤模套上塑膠袋，或蓋上內側撒了手粉的保鮮膜，在40℃的環境下，靜置30至40分鐘，進行二次發酵。

9 將烤箱預熱至170℃，麵團膨脹後，拿掉步驟**8**的塑膠袋或保鮮膜，將麵團放在烤盤上，放入烤箱烤35至45分鐘，出爐後立刻脫模，冷卻即完成。

1/6份
204kcal
膳食纖維
2.7g

黑豆×芝麻粉麵包

入口就能從麵團感受到炒黑豆的香氣，
在麵包鬆軟的口感中，
黑豆結實的嚼勁更能令人留下深刻印象。

材料

（600g份・21×8×6cm的磅蛋糕模一條）

炒黑豆…30 g

A
- 高筋麵粉…250 g
- 黑芝麻粉…20 g
- 黑糖或上白糖…10 g
- 鹽…½小匙（3 g ）
- 乾燥酵母…3 g

水或溫水…約155 g

手粉（高筋麵粉）…適量

準備

■ 烤模內塗上一層薄薄的植物油。

一次發酵的麵團排氣後，分成兩等分再各別整圓，讓麵團暫時休息。麵團放在撒了手粉的檯面上，以擀麵棍擀成長方形，兩個麵團各撒上等量的炒黑豆。

由內往外開始捲繞，滾動麵團延展長度，約比烤模長**5cm**。兩條麵團的左端按壓在一起後扭轉。

作法

（開始製作前，請詳閱P.8至P.12的基本步驟）

1 材料A倒入調理盆內混合。分次加水，以手或橡皮刮刀混合材料，確認混合的狀況後再酌量倒水。混合均勻之後揉麵團，掌心施力按壓調理盆的側面和底部。

2 麵團大致整成圓形，放入小調理盆內。套上塑膠袋或蓋上內側撒了手粉的保鮮膜，在40℃的環境下，靜置一個小時，進行一次發酵。

3 麵團膨脹成1.5倍後，底部朝上取出，放在撒了手粉的作業檯上。

4 以手輕壓麵團排氣，由內往外摺三摺後轉90度，再摺三摺，將麵團分成兩等分。麵團分別整圓，蓋上保鮮膜後，醒麵10分鐘。

5 麵團分別放在撒了手粉的檯面上，輕輕壓平，以擀麵棍將麵團擀成適當大小的長方形。麵團外緣空出2cm不撒黑豆，其餘部分撒上一半的黑豆。

6 由內往外開始捲繞麵團。收尾時收口以兩手指尖壓入麵團內，滾動麵團延展長度，約比烤模長5cm。另一條麵團以相同作法塑形。

7 兩條麵團排在一起，左端重疊以手按壓，交叉扭轉成如左圖所示。調整長度，放入烤模內。

8 將放麵團的烤模套上塑膠袋，或蓋上內側撒了手粉的保鮮膜，在40℃的環境下，靜置30至40分鐘，進行二次發酵。

9 麵團膨脹後，拿掉步驟**8**的塑膠袋或保鮮膜，將麵團放在烤盤上，放入烤箱烤40至50分鐘。由於這款麵包烘烤時容易上色，可設定較低溫慢慢烘烤。出爐後立刻脫模，冷卻即完成。

1/6份
206kcal
膳食纖維
3.4g

紅豆×松子麵包

100g市售紅豆餡含有**11.8g**膳食纖維，
比水煮黃豆含有更多的膳食纖維。
松子很容易買得到，但如果不使用也沒關係。

材料

（600g份・18×8×6cm的磅蛋糕模一條）

紅豆餡（無糖）…100 g

松子…20 g

A
- 高筋麵粉…250 g
- 黑糖或上白糖…10 g
- 鹽…½小匙（3 g ）
- 乾燥酵母…3 g

水或溫水…約150 g

手粉（高筋麵粉）…適量

準備

■ 烤模內塗上一層薄薄的植物油。

Point

紅豆餡與麵團確實混合後再加上松子。揉麵團的時間不需要太久。

麵團放入烤模後，以手壓平表面，進行二次發酵。左圖為二次發酵完成後的狀態。

作法

（開始製作前，請詳閱P.8至P.12的基本步驟）

1 材料A倒入調理盆內混合，再倒入紅豆餡，一邊粗略地捏碎紅豆，一邊將材料混合均勻。

2 分次加水，不一次全部倒入。請確認混合的狀況後再酌量倒水。

3 加入松子混合均勻後，揉麵團，掌心施力按壓調理盆的側面和底部。將麵團大致整成圓形，放入小調理盆內。

4 將步驟**3**的小調理盆套上塑膠袋，或蓋上內側撒了手粉的保鮮膜，在40℃的環境下，靜置一個小時，進行一次發酵。

5 麵團膨脹成1.5倍後，底部朝上取出，放在撒了手粉的作業檯上。

6 以手輕壓麵團排氣，由內往外摺成三摺後轉90度，再摺三摺，重新整成圓形。蓋上保鮮膜，醒麵5分鐘。

7 麵團放在撒了手粉的檯面上，輕輕壓平，依步驟**6**的方法，進行兩次摺三褶。收尾時收口以兩手指尖壓入麵團內，滾動麵團至表面平滑。

8 滾動麵團延展成烤模的長度，放入烤模內。

9 將放麵團的烤模套上塑膠袋，或蓋上內側撒了手粉的保鮮膜，在40℃的環境下，靜置30至40分鐘，進行二次發酵。

10 將烤箱預熱至170℃，麵團膨脹後，拿掉步驟**9**的塑膠袋或保鮮膜，將麵團放在烤盤上，放入烤箱烤35至45分鐘，出爐後立刻脫模，冷卻即完成。

1/6份
188kcal
膳食纖維
2.8g

紅豆麵包

材料

（600g份・25×6×6cm的磅蛋糕模一條）

- 紅豆…50 g
- 水…200 g

A
- 高筋麵粉…250 g
- 黑糖或上白糖…10 g
- 鹽…½小匙（3 g ）
- 乾燥酵母…3 g

手粉（高筋麵粉）…適量

紅豆要完全煮透需要花上許多時間，
不過這裡只是稍微煮至吸水膨脹即可。
紅豆水可以拌入麵粉中，作出紅豆味滿溢的麵包。

紅豆
煮紅豆時所產生的紅豆水含有大量的多酚，對身體很有幫助。

準備

- 烤模內塗上一層薄薄的植物油。
- 紅豆洗淨後放入小鍋中，倒入適量的水，以中火煮滾後轉小火，加蓋，再煮10分鐘後熄火。蓋子不要掀開，燜蒸15分鐘。這樣處理的紅豆外皮完整，雖然口感上還很硬，但有吸水膨脹即可。調理盆上置放濾網，將小鍋內的紅豆瀝乾水分。調理盆中的紅豆水若未足160g，兌水至足量。

準備紅豆水160g，加入麵粉內。善用煮紅豆所產生的紅豆水來製作麵包，不會浪費掉溶水性膳食纖維，又可增添風味。

擀平的麵團外側和左右兩邊留下空間，中間鋪平紅豆後捲繞麵團。如果紅豆露在麵團表面，烘烤時會被烤得變得很硬，一定要確實包入麵團內。

作法

（開始製作前，請詳閱P.8至P.12的基本步驟）

1 材料A倒入調理盆內混合，再倒入紅豆水。請確認混合的狀況分次酌量倒水。混合均勻之後揉麵團，掌心施力按壓調理盆的側面和底部。

2 麵團大致整成圓形，放入小調理盆內。套上塑膠袋或蓋上內側撒了手粉的保鮮膜，在40℃的環境下，靜置一個小時，進行一次發酵。

3 麵團膨脹成1.5倍後，底部朝上取出，放在撒了手粉的作業檯上。

4 以手輕壓麵團排氣，由內往外摺三摺後轉90度，再摺三摺。以兩手順時針轉動麵團側面，底部摩擦檯面整圓。蓋上保鮮膜，醒麵10分鐘。

5 麵團放在撒了粉的檯面上，以擀麵棍擀成長方形，長邊比烤模長度稍微短一些，外側邊緣空出2cm，兩邊也留下少許空間，中間鋪上瀝乾的水煮紅豆。

6 由內往外開始捲繞麵團，收口壓入麵團內，滾動至表面平滑，放入烤模中。紅豆若露出麵團表面，一定要包入麵團內再放入烤模，避免烘烤時失去水分而變硬。

7 將放麵團的烤模套上塑膠袋，或蓋上內側撒了手粉的保鮮膜，在40℃的環境下，靜置30至40分鐘，進行二次發酵。

8 烤箱預熱至170℃，麵團膨脹後，拿掉步驟**7**的塑膠袋或保鮮膜，將麵團放在烤盤上，放入烤箱烤35至45分鐘，出爐後立刻脫模，冷卻即完成。

燕麥×青豆粉麵包

1/6份
184kcal
膳食纖維
3.0g

材料

（600g份）

燕麥片…30 g

A
- 高筋麵粉…200 g
- 青豆粉（或黃豆粉）…50 g
- 黑糖或上白糖…10 g
- 鹽…½小匙（3 g）
- 乾燥酵母…3 g

水或溫水…約170 g

手粉（高筋麵粉）…適量

青豆粉可以作出帶有淺綠色的麵團，
如果不在意顏色，也可使用普通的黃豆粉替代。
30g燕麥片含有高達**2.82g**膳食纖維，
單吃味道清淡如白粥，
如果加入麵團內製成麵包，口感立刻升級。

燕麥片
將燕麥輾壓成片狀，比較容易食用。

青豆粉
青豆炒過後研磨成粉。顏色呈淺綠色，有淡淡的甜味。

準備

■ 烤盤鋪烘焙紙備用。

麵團整理成長方形，外緣空出**2cm**寬，其餘部分撒上燕麥片，由內往外捲繞麵團。

麵團表面輕輕噴上一些水，撒上適量的燕麥片，滾動麵團，並將燕麥片輕壓在麵團表面。

將撒上燕麥片的麵團放到烤盤上，以低溫（**160**℃）烘烤**40**至**50**分鐘。

作法

（開始製作前，請詳閱P.8至P.12的基本步驟）

1 材料A倒入調理盆內混合。分次加水，以手或橡皮刮刀將材料混合，確認麵團的狀況再酌量將剩下的水倒入。

2 混合至沒有粉狀後，將麵團大致整成圓形，放入小調理盆內。套上塑膠袋或蓋上內側撒了手粉的保鮮膜，在40℃的環境下，靜置一個小時，進行一次發酵。

3 作業檯鋪上大片的保鮮膜，撒上一半量的燕麥片。步驟**2**的麵團膨脹成1.5倍後，底部朝上取出，放在作業檯的保鮮膜上。

4 以手輕壓麵團排氣，將麵團整平成為長方形。麵團外緣空出2cm寬，其餘部分鋪上剩餘的燕麥片，噴上少許水，由內往外開始捲繞。

5 捲好的麵團表面噴上少許水，再撒上一些燕麥片（份量外），以手將燕麥片輕壓在麵團上。

6 將步驟**5**的麵團放在烤盤上，套上塑膠袋或蓋上內側撒了手粉的保鮮膜，在40℃的環境下，靜置30至40分鐘，進行二次發酵。

7 烤箱預熱至160℃，麵團膨脹後，拿掉步驟**6**的塑膠袋或保鮮膜，將麵團放入烤箱烤40至50分鐘。由於這款麵包烘烤時容易上色，可設定較低溫慢慢烘烤，烤好後立刻取出放在網架上，冷卻即完成。

小扁豆×椰絲麵包

材料

（600g份・18×8×6cm的磅蛋糕模一條）

- 小扁豆…50 g
- 水…約200 g

乾椰子絲…20 g

A
- 高筋麵粉…250 g
- 黑糖或上白糖…10 g
- 鹽…½小匙（3 g）
- 乾燥酵母…3 g

手粉（高筋麵粉）…適量

小扁豆富含膳食纖維，
和椰子絲搭配食用，非常容易入口，
對保健身體也非常有幫助，請一定要試試看。

小扁豆

也稱為平豆，富含各類營養素，50g小扁豆含有8.55g膳食纖維。泡水馬上就能吸水膨脹，處理起來相當方便。

乾椰子絲

新鮮椰子肉切細成絲後乾燥而成的產品。20g椰子絲約含有3g膳食纖維。

準備

- 烤模內塗上一層薄薄的植物油。
- 小扁豆放入鍋內，加入適量的水，以中火煮開後轉小火，上蓋，煮5分鐘後熄火，不掀蓋燜10分鐘。
- 將乾椰子絲鋪在烤盤上，小火烤大約3分鐘，烤出香氣。

麵團整平後，外側邊緣空出2cm寬，其餘部分撒上椰子絲，由內往外捲繞麵團。

麵團放入烤模內後，再撒上一些椰子絲。

作法

（開始製作前，請詳閱P.8至P.12的基本步驟）

1 材料A倒入調理盆內混合後，連同煮汁將小扁豆倒入，一邊捏碎豆子，一邊混合材料。

2 麵團混合均勻後，大致整成圓形，放入小調理盆內。套上塑膠袋或蓋上內側撒了手粉的保鮮膜，在40℃的環境下，靜置一個小時，進行一次發酵。

3 麵團膨脹成1.5倍後，底部朝上取出，放在撒了手粉的作業檯上。

4 以手輕壓麵團排氣，由內往外摺三摺後轉90度，再摺三摺。兩手以順時針轉動麵團側面，底部摩擦檯面整圓。蓋上保鮮膜，醒麵5分鐘。

5 麵團放在撒了手粉的檯面上，以擀麵棍整理成長方形，長邊比烤模長度稍微短一些。整平的麵團外緣空出2cm寬，兩邊也留下少許空間，中間鋪上椰子絲。

6 由內往外捲繞麵團，收口壓入麵團內，滾動麵團直至表面平滑，並依烤模長度調整麵團長度。將麵團放入烤模內，上面撒少許椰子絲（份量外）。

7 將放麵團的烤模套上塑膠袋，或蓋上內側撒了手粉的保鮮膜，在40℃的環境下，靜置30至40分鐘，進行二次發酵。

8 將烤箱預熱至170℃，麵團膨脹後，拿掉步驟7的塑膠袋或保鮮膜，將麵團放在烤盤上，放入烤箱烤35至45分鐘，出爐後立刻脫模，冷卻即完成。

1/6份
217kcal
膳食纖維
2.3g

綜合雜糧麵包

五穀雜糧直接食用並不容易入口，
製成麵包就可口多了！
使用了包括莧米和藜麥等多種穀物，
除了膳食纖維之外，還能輕鬆攝取維他命B群和礦物質。

材料

（600g份・25×6×6cm的磅蛋糕模一條）

綜合穀物…90 g
水…200 g

A
高筋麵粉…250 g
黑糖或上白糖…10 g
鹽…½小匙（3 g ）
乾燥酵母…3 g

手粉（高筋麵粉）…適量

綜合穀物

本書使用的是「十六穀米」。可更換為手邊容易取得的穀物。

準備

- 烤模內塗上一層薄薄的植物油。
- 綜合穀物倒入鍋內，加入適量的水，稍微攪拌後開中火，煮滾後轉小火，續煮4分鐘。熄火後加蓋，燜蒸10分鐘。

作法

（開始製作前，請詳閱P.8至P.12的基本步驟）

1 材料A倒入調理盆內混合後，連同煮汁將綜合穀物倒入，一邊粗略地捏碎穀物，一邊混合材料。

2 加入2大匙的水，混合至沒有粉狀。

3 麵團混合均勻後，大致整成圓形，放入小調理盆內。套上塑膠袋或蓋上內側撒了手粉的保鮮膜，在40℃的環境下，靜置一個小時，進行一次發酵。

4 麵團膨脹成1.5倍後，輕輕撒上手粉，底部朝上取出，放在撒了手粉的作業檯上。

5 以手輕壓麵團排氣，由內往外摺三摺後轉90度，再摺三摺。中途若感到麵團沾黏，可再撒上手粉。兩手順時針轉動麵團側面，底部摩擦檯面整圓。蓋上保鮮膜，醒麵5分鐘。

6 麵團放在撒了手粉的檯面上，依烤模長度整成橢圓形，放入烤模內。

7 將放麵團的烤模套上塑膠袋，或蓋上內側撒了手粉的保鮮膜，在40℃的環境下，靜置30至40分鐘，進行二次發酵。

8 將烤箱預熱至170℃，麵團膨脹後，拿掉步驟**7**的塑膠袋或保鮮膜，將麵團放在烤盤上，放入烤箱烤35至45分鐘，出爐後立刻脫模，冷卻即完成。

調理盆內倒入麵粉等材料，再將煮好的綜合穀物連同煮汁一起倒入，拌勻後再加入2大匙水，混合至沒有粉狀。

富含水溶性膳食纖維！

各式各樣的海藻麵包

Part 3

膳食纖維分為溶於水及不溶於水兩種，
海藻富含著大量的水溶性膳食纖維，
有助於人體減少吸收膽固醇和腸內的有害物質，
也有整腸、促進排便的效果。

1/6份
191kcal
膳食纖維
2.6g

海苔麵包

聽到麵包裡加了海苔，不少人一定會覺得好驚訝，
其實海苔非常適合加入麵包中哦！
加入大麥片可增加顆粒口感，吃起來就像是咀嚼米飯一般。

燒海苔

3片燒海苔含有3.24g膳食纖維，同時富含維他命B12、維他命K。

大麥片

大麥加熱後壓製成扁平狀，乾燥後即成大麥片。50g大麥片含有4.8g膳食纖維。

材料

（600g份・18×8×6cm的磅蛋糕模一條）

燒海苔…3片（9g）

┌大麥片…50g
└水…200g

┌高筋麵粉…250g
A│黑糖或上白糖…10g
└乾燥酵母…3g

醬油…1小匙

手粉（高筋麵粉）…適量

燒海苔揉碎後加入麵粉內，大麥片連煮汁一起倒入，以橡皮刮刀攪拌一下。

將醬油倒在麵粉上的積水處，這樣較容易拌勻，烤好的麵團較能充滿香氣。

準備

- 烤模內塗上一層薄薄的植物油。
- 燒海苔撕成大片，放入塑膠袋內再細細揉碎。
- 大麥片倒入鍋內，加入適量的水，稍微攪拌後開中火，煮滾後轉小火，蓋上蓋子煮5分鐘後熄火，不掀蓋燜蒸10分鐘。

作法

（開始製作前，請詳閱P.8至P.12的基本步驟）

1 材料A倒入調理盆內混合後，加入處理好的海苔，再連煮汁一起倒入大麥片，以橡皮刮刀大致攪拌一下。若水量太少，可加入1小匙水再倒入醬油。

2 麵團混合均勻後，大致整成圓形，放入小調理盆內。套上塑膠袋或蓋上內側撒了手粉的保鮮膜，在40℃的環境下，靜置一個小時，進行一次發酵。

3 麵團膨脹成1.5倍後，底部朝上取出，放在撒了手粉的作業檯上。

4 以手輕壓麵團排氣，由內往外摺三摺後轉90度，再摺三摺，重新整成圓形。蓋上保鮮膜，醒麵5分鐘。

5 麵團放在撒了手粉的檯面上，輕輕壓平，依步驟**4**的方法，進行兩次摺三摺。

6 收口以兩手指尖壓入麵團內，滾動麵團至表面平滑，延展成烤模的長度，放入烤模內。

7 將放麵團的烤模套上塑膠袋，或蓋上內側撒了手粉的保鮮膜，在40℃的環境下，靜置30至40分鐘，進行二次發酵。

8 將烤箱預熱至170℃，麵團膨脹後，拿掉步驟**7**的塑膠袋或保鮮膜，將麵團放在烤盤上，放入烤箱烤35至45分鐘，出爐後立刻脫模，冷卻即完成。

1/6份
179kcal
膳食纖維
2.5g

羊栖菜×白芝麻麵包

羊栖菜含有豐富的膳食纖維，
也富含許多鈣、碘、鐵質等重要的營養素，
添加在麵包中食用，相當方便。

材料

（600g份）

羊栖菜芽…10 g

A
- 高筋麵粉…250 g
- 炒白芝麻…15 g
- 黑糖或上白糖…10 g
- 鹽…½小匙（3 g ）
- 乾燥酵母…3 g

水或溫水…約140 g

手粉（高筋麵粉）…適量

羊栖菜芽

10g羊栖菜含有4g膳食纖維。市售乾燥的羊栖菜泡水後馬上就會回復原狀。

準備

■ 倒水蓋過羊栖菜，泡4分鐘後濾掉水分。羊栖菜如果泡水泡太久，膳食纖維會流失且變得太軟，所以浸泡至稍微軟化即可。

■ 烤盤鋪烘焙紙備用。

作法

（開始製作前，請詳閱P.8至P.12的基本步驟）

1 材料A倒入調理盆內混合後，倒入已泡發的羊栖菜，以橡皮刮刀拌勻。

2 視麵團狀態分次倒入水，均勻混合至沒有粉狀。

3 麵團混合均勻後，大致整成圓形，放入小調理盆內。套上塑膠袋或蓋上內側撒了手粉的保鮮膜，在40℃的環境下，靜置一個小時，進行一次發酵。

4 麵團膨脹成1.5倍後，底部朝上取出，放在撒了手粉的作業檯上。

5 以手輕壓麵團排氣，由內往外摺三摺後轉90度，再摺三摺，重新整成圓形。蓋上保鮮膜，醒麵5分鐘。

6 麵團放在撒了手粉的檯面上，輕輕壓平，依步驟**5**的方法，進行兩次摺三摺。

7 收口以兩手指尖壓入麵團內，滾動麵團至表面平滑，整成橢圓形，放在烤盤上。烤盤套上塑膠袋，或蓋上內側撒了手粉的保鮮膜，在40℃的環境下，靜置30至40分鐘，進行二次發酵。

8 麵團膨脹後拿掉塑膠袋或保鮮膜，在麵團上撒一些手粉，在中央縱切一刀，形成切口。將烤箱預熱至170℃，將麵團放入烤箱，烤35至45分鐘，烤好後立刻取出放在網架上，冷卻即完成。

麵粉中加入泡發的羊栖菜。羊栖菜泡水後吸附的水分多寡不一，麵團狀態也會隨之不同，所以份量內的水加入拌勻後，視麵團狀態決定是否再加水。若有粉狀，可加入1小匙的水；若是麵團過於濕黏，則加入1小匙的麵粉。

二次發酵後，撒上手粉防止沾黏。在麵團中央縱切一刀，左右攤開麵團。

青海苔×金針菇の鄉村麵包

1個
165kcal
膳食纖維
2.2g

這是一款充滿田園風味的麵包。
由於麵團的含水量較多，不必揉壓塑形，
切成數塊後即可烘烤。
3g青海苔含有將近**1g**膳食纖維，
100g金針菇則含有**7g**膳食纖維。

青海苔

含有豐富的膳食纖維、維他命B12和碘。

材料

（600g份，6個）

金針菇…100 g

A
- 高筋麵粉…250 g
- 青海苔…5 g
- 黑糖或上白糖…10 g
- 乾燥酵母…3 g

水或溫水…約130 g

淡味醬油…2小匙

手粉（高筋麵粉）…適量

準備

■ 烤盤鋪烘焙紙備用。

作法

（開始製作前，請詳閱P.8至P.12的基本步驟）

1 金針菇去除根部，切成3mm的小段。

2 材料A倒入調理盆內混合後，加入步驟**1**的金針菇，以手或橡皮刮刀攪拌，再依序加入水、醬油，混合均勻。

3 麵團混合均勻後，大致整成圓形，放入小調理盆內。套上塑膠袋或蓋上內側撒了手粉的保鮮膜，在40℃的環境下，靜置一個小時，進行一次發酵。

4 麵團膨脹成1.5倍後，底部朝上取出，放在撒了手粉的作業檯上。

5 以手輕壓麵團排氣，由內往外摺三摺後轉90度，再摺三摺，重新整成圓形。蓋上保鮮膜，醒麵5分鐘。

6 麵團放在撒了手粉的檯面上，麵團上撒手粉後輕輕壓平，依步驟**5**的方法，進行兩次摺三摺。

7 收口以兩手指尖壓入麵團內，滾動麵團延展成30cm長的熱狗形狀。將麵團切成6個三角形。

8 將步驟**7**切好的麵團排在烤盤上，套上塑膠袋或蓋上內側撒了手粉的保鮮膜，在40℃的環境下，靜置30至40分鐘，進行二次發酵。

9 將烤箱預熱至170℃，麵團膨脹後，拿掉步驟**8**的塑膠袋或保鮮膜，將麵團放入烤箱烤35至45分鐘，出爐後放在網架上，冷卻即完成。

由於麵團黏性較高，放在撒了手粉的檯面上後，再撒上一些手粉，才開始進行摺三摺。

收口壓入麵團內，將麵團輕輕滾成熱狗形狀。

斜切麵團，切成6個差不多大小的三角形。

切好的麵團排在烤盤上，套上塑膠袋或蓋上內側撒了手粉的保鮮膜，在40℃的環境下，靜置30至40分鐘，進行二次發酵。

1/6份
169kcal
膳食纖維
2.2g

味噌×昆布麵包

昆布細絲又稱為白昆布，屬於加工食材，可作為調味料。
建議選擇無添加的製品來作出美味的麵包。
加入味噌能提引出昆布的風味，
一起享受散發和風香氣的美味麵包吧！

材料

（600g份・25×6×6cm的磅蛋糕模一條）

昆布細絲…15ｇ

A
- 高筋麵粉…250ｇ
- 黑糖或上白糖…10ｇ
- 乾燥酵母…3ｇ

味噌…20ｇ

水或溫水…約150ｇ

手粉（高筋麵粉）…適量

準備

■ 烤模內塗上一層薄薄的植物油。

■ 昆布細絲的纖維相當強韌，以廚用剪刀剪成1cm長。

一整條麵包放進紙袋或保存用的塑膠袋中，再以印花大手帕或較大的手絹包起來送禮，是不是很溫馨呢？手寫一張「昆布麵包」的説明小卡一併送上，更顯貼心。

作法

（開始製作前，請詳閱P.8至P.12的基本步驟）

1 材料A倒入調理盆內混合後，加入準備好的昆布細絲，徒手拌勻。

2 步驟**1**混合均勻後，分次加水，確認混合的狀況後再酌量倒水。混合均勻之後揉麵團，掌心施力按壓調理盆的側面和底部。

3 麵團大致整成圓形，放入小調理盆內。套上塑膠袋或蓋上內側撒了手粉的保鮮膜，在40℃的環境下，靜置一個小時，進行一次發酵。

4 麵團膨脹成1.5倍後，底部朝上取出，放在撒了手粉的作業檯上。

5 以手輕壓麵團排氣，由內往外摺三摺後轉90度，再摺三摺，重新整成圓形。蓋上保鮮膜，醒麵5分鐘。

6 麵團放在撒了手粉的檯面上，輕輕壓平，依步驟**5**的方法，進行兩次摺三摺。

7 收口以指尖壓入麵團內，滾動麵團延展成烤模的長度，放入烤模內。

8 套上塑膠袋或蓋上內側撒了手粉的保鮮膜，在40℃的環境下，靜置30至40分鐘，進行二次發酵。

9 將烤箱預熱至170℃，麵團膨脹後，拿掉步驟**8**的塑膠袋或保鮮膜，將麵團放在烤盤上，放入烤箱烤35至45分鐘，出爐後立刻脫模，冷卻即完成。

把對身體有益的健康麵包拿來送禮，收到的人也會感到相當高興。

加入滿滿的食物纖維！家用麵包機製作：好食麵包×4

Part 4

Part1至**Part 3**的配方不適合以家用麵包機製作，
會比較容易烤焦，失敗率比較高。
本單元特別針對家用麵包機的使用者，
設計出四款麵包食譜，和其他單元的麵包食譜相比，
可以更輕易地烤出蓬鬆口感的麵包。

使用家用麵包機應注意的事項！

◎因機種不同，加入材料時的作法也會有所差異，一定要確實閱讀麵包機的使用說明書後，再開始製作。高筋麵粉、砂糖、乾燥酵母、水和其他材料等，也要依照說明書的指示正確添加，並挑選合適的烘烤模式。

◎夏季等天氣悶熱的季節，室溫在**25**℃以上時使用冷水（約**5**℃），冬季室溫在**10**℃以下時使用溫水（約**30**℃）。

◎本單元介紹的麵包也可將麵團放入磅蛋糕模，以烤箱烘烤。

全麥核桃麵包

添加少許含有大量膳食纖維的全麥麵粉與核桃。
50g全麥麵粉含有5.6g膳食纖維，
30g核桃含有2.25g膳食纖維。

材料
（600g份）
全麥麵粉…50 g
烘烤過的核桃（切成1cm小丁）…30 g
高筋麵粉…200 g
黑糖或上白糖…10 g
鹽…½小匙（3 g ）
乾燥酵母…3 g
水或溫水…175 g

核桃
若是未經烘烤的核桃，請先鋪在烤盤上，以小火加熱5分鐘。若是使用以鹽巴調味的核桃，則必須去鹽後再使用。

1 取出麵包機的內鍋，裝上攪拌片。內鍋中倒入測量好的高筋麵粉、黑糖、鹽和全麥麵粉。

2 內鍋中倒入水之後，裝回麵包機本體，蓋上蓋子（請參照使用說明書）。

3 乾燥酵母放進酵母容器內。如果有自動投入功能，在該容器中裝入核桃，如果沒有此功能，聲響後再打開蓋子放入核桃。

4 參照使用說明書，選擇麵包的烘焙模式，按下啟動鍵。烤好後關閉電源，並拔掉插頭。套上耐熱手套，將內鍋取出。鍋口向下，用力搖晃數次，麵包取出後放在網架上，冷卻即完成。

豆渣麵包

材料

（600g份）
豆渣…60 g
高筋麵粉…250 g
黑糖或上白糖…10 g
鹽…½小匙（3 g ）
乾燥酵母…3 g
水或溫水…170 g

作法

（開始製作前，請詳閱P.68至P.69的注意事項和作法）

1 取出麵包機的內鍋，裝上攪拌片。內鍋中倒入量好的高筋麵粉、黑糖、鹽和豆渣，稍微攪拌。
2 內鍋中倒入水之後，裝回麵包機本體，蓋上蓋子（請參照使用說明書）。
3 將酵母倒入容器中。
4 參照使用說明書，選擇麵包的烘焙模式，按下啟動鍵。烤好後關閉電源，並拔掉插頭。套上耐熱手套，將內鍋取出。鍋口向下，用力搖晃數次，麵包取出後放在網架上，冷卻即完成。

60g豆渣中含有多達**6.9g**膳食纖維，
將豆渣混入麵團，
輕輕鬆鬆就能烤出濕潤可口的麵包，
而且相當容易有飽足感。

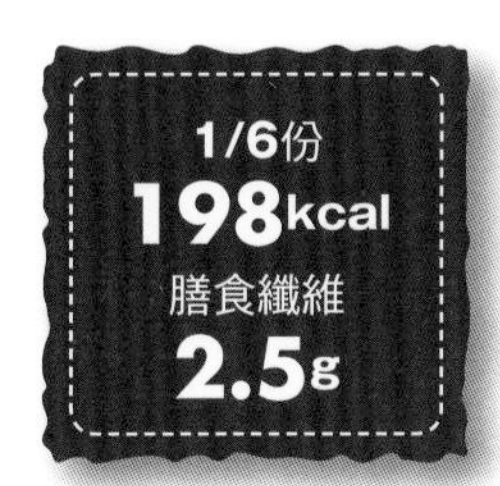

黑芝麻×黃豆粉麵包

材料
（600g份）
黑芝麻粉…15 g
黃豆粉…30 g
高筋麵粉…250 g
黑糖或上白糖…10 g
鹽…½小匙（3 g ）
乾燥酵母…3 g
水或溫水…185 g

作法
（開始製作前，請詳閱P.68至P.69的注意事項和作法）

1 取出麵包機的內鍋，裝上攪拌片。內鍋中倒入量好的高筋麵粉、黑糖、鹽，黑芝麻粉和黃豆粉也加入攪拌。
2 內鍋中倒入水之後，裝回麵包機本體，蓋上蓋子（參照使用說明書）。
3 將酵母倒入容器中。
4 參照使用說明書，選擇麵包的烘焙模式，按下啟動鍵。烤好後關閉電源，並拔掉插頭。套上耐熱手套，將內鍋取出。鍋口向下，用力搖晃數次，麵包取出後放在網架上，冷卻即完成。

添加許多黑芝麻粉和黃豆粉，
能幫助身體攝取到有益的營養成分。
由於烘烤時容易上色，如果麵包機可選擇烘烤顏色，
請選擇「淺色烘烤」。

大麥麵包

100g大麥片含有**9.6g**膳食纖維，
其中含有大量的水溶性膳食纖維。
若有排便不順暢的困擾，
這款麵包將是你的健康好夥伴！

材料

（600g份）

A［大麥片…100g
　 水…150g

高筋麵粉…250g
黑糖或上白糖…10g
鹽…½小匙（3g）
乾燥酵母…3g
水或溫水…145g

準備

■鍋中倒入材料A的水和大麥片，稍微攪拌，加蓋後開小火（注意容易煮沸）。煮5分鐘後熄火，不掀蓋燜15分鐘，冷卻後備用。

作法

（開始製作前，請詳閱P.68至P.69的注意事項和作法）

1 取出麵包機的內鍋，裝上攪拌片。內鍋中倒入量好的高筋麵粉、黑糖、鹽，準備好的大麥片也加入稍微攪拌。

2 內鍋中倒入水之後，裝回麵包機本體，蓋上蓋子（參照使用說明書）。

3 將酵母倒入容器中。

4 參照使用說明書，選擇麵包的烘焙模式，按下啟動鍵。烤好後關閉電源，並拔掉插頭。套上耐熱手套，將內鍋取出。鍋口向下，用力搖晃數次，麵包取出後放在網架上，冷卻即完成。

平底鍋
也可以烤麵包！

Column

本書食譜中的麵包
也可使用平底鍋進行烘烤。
加蓋烘烤，水分不會流失，
作法並不困難。
實際製作方法請參考本頁說明。

1 製作方法同P.8至P.11，麵團完成一次發酵後重新整圓，分成6等分，靜置10分鐘後，再重新整圓，排放在平底鍋上。平底鍋直徑24至26cm，放上麵團前要事先塗薄薄的一層植物油，放好麵團後蓋上蓋子。

2 將步驟**1**排好麵團的平底鍋放在瓦斯爐上，開火30秒後熄火，讓鍋內變得溫暖，靜置30分鐘，讓麵團進行二次發酵（左圖為二次發酵後膨脹的模樣）。

3 加蓋，以小火烘烤。

4 烘烤約5分鐘後，將麵團從平底鍋中取出來，放在乾淨的板子上。

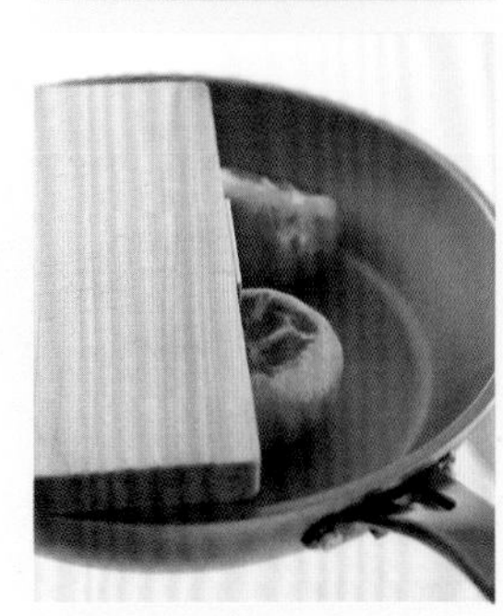

5 板子蓋在平底鍋上，讓麵包翻面重新放入鍋中，再烤5分鐘，熄火即完成。

微微甜香！**Q彈小麵包**

本書大部分介紹的食譜都是可以當正餐的麵包，
本單元特別設計一些「零食麵包」，
吃起來很有彈性，還帶著微微的香甜味哦！
※也可將麵團放入烤模內烘烤。

Part 5

蔓越莓×蘋果麵包

1個
201kcal
膳食纖維
2.5g

不增加黑糖的份量，利用蘋果製作出天然微甜的麵團，
加上蔓越莓的果酸味，酸甜之間有著絕妙的平衡。

蔓越莓乾

屬於蔓越橘科，50g蔓越莓含有2.3g膳食纖維，多酚的含量也相當豐富。

材料

（6個份）

蘋果…150 g

蔓越莓乾…50 g

A
- 高筋麵粉…250 g
- 黑糖或上白糖…10 g
- 鹽…½小匙（3 g）
- 乾燥酵母…3 g

水或溫水…約35 g

手粉（高筋麵粉）…適量

準備

- ■蘋果洗淨後連皮一起磨成泥。
- ■烤盤鋪烘焙紙備用。

作法

（開始製作前，請詳閱P.8至P.12的基本步驟）

1 材料A倒入調理盆內攪拌。加入準備好的蘋果，混合均勻。

2 步驟**1**拌勻後，分次加水，確認混合的狀況後再酌量倒水。麵團混合均勻後，倒入蔓越莓拌勻。

3 蔓越莓與麵團確實混合後，大致整成圓形，放入小調理盆內。套上塑膠袋或蓋上內側撒了手粉的保鮮膜，在40℃的環境下，靜置一個小時，進行一次發酵。

4 麵團膨脹成1.5倍後，底部朝上取出，放在撒了手粉的作業檯上。

5 以手輕壓麵團排氣，由內往外摺三摺後轉90度，再摺三摺，將麵團分成6等分。麵團分別整圓後，蓋上保鮮膜，醒麵5分鐘。

6 麵團分別放在撒了手粉的檯面上，輕輕壓平，進行兩次摺三摺後，收口摩擦檯面至平滑，再輕輕撒上手粉，以筷子從麵團中央往下壓到底，作出紋路。

7 將步驟**6**的麵團排放在烤盤上，套上塑膠袋或蓋上內側撒了手粉的保鮮膜，在40℃的環境下，靜置30至40分鐘，進行二次發酵。

8 烤箱預熱至170℃，麵團膨脹後，拿掉步驟**7**的塑膠袋或保鮮膜，將麵團放入烤箱，烤18至20分鐘，烤好後立刻取出放在網架上，冷卻即完成。

拌勻材料A後，放入蘋果泥和麵粉混合，再倒入需要的水量，拌勻。

攪拌均勻後，倒入蔓越莓混合。

將一次發酵的麵團分成6等分，重新整圓後靜置5分鐘。

麵團中央以筷子壓到底，加深紋路。

葡萄乾×南瓜麵包

材料

（6個份・磅蛋糕模一條）

南瓜…150 g

葡萄乾…50 g

A
- 高筋麵粉…250 g
- 黑糖或上白糖…10 g
- 鹽…½小匙（3 g ）
- 乾燥酵母…3 g

水或溫水…約110 g

手粉（高筋麵粉）…適量

南瓜的甘甜加上葡萄乾
——完美的點心首選！
撕開麵包，黃澄澄的自然色澤相當漂亮。

準備

■ 烤盤鋪烘焙紙備用。

■ 南瓜洗淨後連皮切成2cm小塊狀，以保鮮膜包起來，注意南瓜塊不要重疊。微波爐加熱2分鐘，讓南瓜變軟。取出靜置，冷卻至可徒手觸碰時，隔著保鮮膜將南瓜捏碎。

作法

（開始製作前，請詳閱P.8至P.12的基本步驟）

1 材料A倒入調理盆內混合後，加入準備好的南瓜，一邊將南瓜捏得更細碎，一邊混合所有材料。

2 南瓜和麵粉拌勻後，加入葡萄乾，並分次加水，確認混合的狀況後再酌量倒水。混合均勻之後揉麵團，掌心施力按壓調理盆的側面和底部。

3 麵團均勻上色後，大致整成圓形，放入小調理盆內。套上塑膠袋或蓋上內側撒了手粉的保鮮膜，在40℃的環境下，靜置一個小時，進行一次發酵。

4 麵團膨脹成1.5倍後，底部朝上取出，放在撒了手粉的作業檯上。麵團表面也撒上少許手粉。

5 以手輕壓麵團排氣，由內往外摺三摺後轉90度，再摺三摺，將麵團分成6等分，麵團分別整成圓形。蓋上保鮮膜，醒麵10分鐘。

6 麵團分別壓平，進行兩次摺三摺後整圓，作成稍為扁平的圓形，間隔擺放在烤盤上。套上塑膠袋或蓋上內側撒了手粉的保鮮膜，在40℃的環境下，靜置30至40分鐘，進行二次發酵。

7 麵團膨脹後，拿掉塑膠袋或保鮮膜，並撒上少許手粉，以廚用剪刀朝向麵團圓心，在圓周等距三處剪出切口。麵團中心以手指輕壓產生小凹洞。

8 將烤箱預熱至170℃，步驟**7**的麵團膨脹後，放入烤箱烤18至20分鐘，烤好後立刻取出放到網架上，冷卻即完成。

麵團作成稍微扁平的圓形，排放在烤盤上。

依喜好撒上少許麵粉，會比較不容易烤焦。

廚用剪刀朝向麵團圓心，在圓周等距三處剪出切口。

麵團中心以手指輕壓，麵團反彈後會產生漂亮地小凹洞。

紅豆杯子麵包

材料

（6個份）

紅豆餡罐頭（含糖）…1罐（250ｇ）

核桃…35ｇ

A
- 高筋麵粉…250ｇ
- 鹽…⅓小匙（2ｇ）
- 乾燥酵母…3ｇ

水或溫水…約100ｇ

手粉（高筋麵粉）…適量

紅豆餡（加糖）

250g市售罐裝紅豆餡含有8.5g膳食纖維。

麵團中捲入甜甜的紅豆餡，切開後烘烤，
製作成像酥皮派一般的麵包。
以罐裝紅豆餡本身的甘甜進行調味，不另添加砂糖。

準備

- 烤盤上擺放6個杯形烤模（直徑8cm）備用。
- 若是使用生核桃，須先鋪在烤盤上，放入烤箱以小火烤5分鐘。如果使用含鹽核桃，須將鹽巴去除後，再切成1cm的小丁。

作法

（開始製作前，請詳閱P.8至P.12的基本步驟）

1 材料A倒入調理盆內混合後，加入150g的罐裝紅豆餡，一邊捏碎紅豆，一邊混合材料。

2 紅豆和麵粉拌勻後，加入核桃，並分次加水，確認混合的狀況後酌量倒水。混合均勻之後揉麵團，掌心施力按壓調理盆的側面和底部。

3 麵團均勻上色後，大致整成圓形，放入小調理盆內。套上塑膠袋或蓋上內側撒了手粉的保鮮膜，在40℃的環境下，靜置一個小時，進行一次發酵。

4 麵團膨脹成1.5倍後，底部朝上取出，放在撒了手粉的作業檯上。麵團表面也撒上少許手粉。

5 以手輕壓麵團排氣，由內往外摺三摺後轉90度，再摺三摺。兩手順時針轉動麵團側面，底部摩擦檯面整圓。蓋上保鮮膜，醒麵10分鐘。

6 麵團放在撒了手粉的檯面上後再撒一些手粉，依步驟**5**的方法，進行兩次摺三摺後整圓。以擀麵棍將麵團擀成25cm的正方形，麵團外側空出3至4cm寬，其餘部分鋪上剩餘的100g紅豆，由內往外捲繞麵團，收口的部分朝下並壓入麵團中。

7 將麵團切成6等分，每一塊麵團的中央再深深切一道切口，將切口攤開後逐一放入烤模內，排放在烤盤上。套上塑膠袋或蓋上內側撒了手粉的保鮮膜，在40℃的環境下，靜置30至40分鐘，進行二次發酵。

8 將烤箱預熱至170℃，麵團膨脹後，拿掉步驟**7**的塑膠袋或保鮮膜，烤盤放入烤箱，烤18至20分鐘，烤好後立刻取出放在網架上，冷卻即完成。

麵團以擀麵棍擀成**25cm**的正方形，均勻塗上**100g**的紅豆餡。

從內側開始捲繞麵團，並切成**6**等分，每等分的中央再深切一刀。

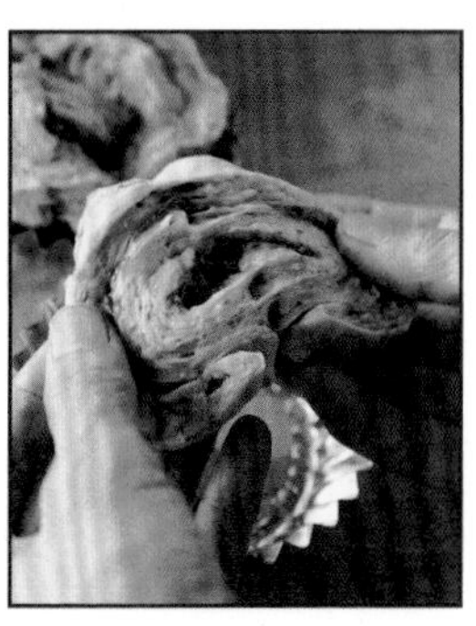

將切口往左右掰開，放入烤模內。

麵團排在烤盤上，二次發酵後以**170**℃烤**18**至**20**分鐘。

黑棗×胡蘿蔔麵包

胡蘿蔔的自然甘甜加上黑棗強烈的甜味，
絕對可以滿足愛吃甜食的你！
將麵包烤成愛心形狀，非常可愛。

1個
201kcal
膳食纖維
2.7g

材料

（6個份）

胡蘿蔔…100 g

黑棗（去籽）…75 g

A
- 高筋麵粉…250 g
- 黑糖或上白糖…20 g
- 鹽…½小匙（3 g ）
- 乾燥酵母…3 g

水或溫水…約80 g

手粉（高筋麵粉）…適量

黑棗

75g黑棗中富含5.4g膳食纖維，其中水溶性和不溶性膳食纖維約各占一半。

準備

■ 烤盤上擺放6個杯形烤模（直徑8cm）備用。
■ 每一顆黑棗切成2至4等分。
■ 胡蘿蔔洗淨，連皮一起磨成泥（連皮的膳食纖維量會較多）。

作法

（開始製作前，請詳閱P.8至P.12的基本步驟）

1 材料A倒入調理盆內混合後，將準備好的胡蘿蔔泥也加入，以橡皮刮刀拌勻。

2 分次加水，確認混合的狀況後再酌量倒水。加入核桃攪拌，混合均勻之後揉麵團，掌心施力按壓調理盆的側面和底部。

3 胡蘿蔔與麵粉確實混合後，將麵團大致整成圓形，放入小調理盆內。套上塑膠袋或蓋上內側撒了手粉的保鮮膜，在40℃的環境下，靜置一個小時，進行一次發酵。

4 麵團膨脹成1.5倍後，底部朝上取出，放在撒了手粉的作業檯上。

5 以手輕壓麵團排氣，由內往外摺三摺後轉90度，再摺三摺，重新整成圓形。蓋上保鮮膜，醒麵10分鐘。

6 麵團放在撒了手粉的檯面上，以擀麵棍擀成25cm的正方形，距離外側3cm、內側3cm處各排上一排黑棗。

7 先由內往外捲繞麵團，包住內側排好的黑棗，外側也以相同作法捲起。內、外捲起的麵團在中央貼在一起後，整理麵團的形狀。

8 將麵團切成6等分，作成一個一個的心形後，放入烤模內，排放在烤盤上。套上塑膠袋或蓋上內側撒了手粉的保鮮膜，在40℃的環境下，靜置30至40分鐘，進行二次發酵。

9 將烤箱預熱至170℃，麵團膨脹後，拿掉步驟**8**的塑膠袋或保鮮膜，將烤盤放入烤箱烤20至25分鐘，烤好後立刻取出放在網架上，冷卻即完成。

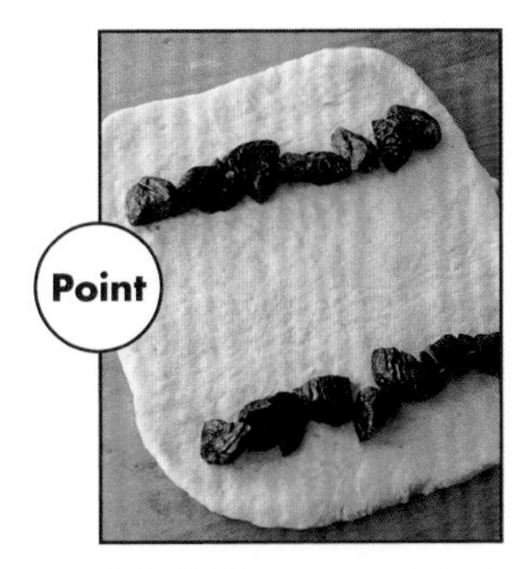

將麵團擀壓成25cm的正方形，距離外側3cm、內側3cm處各排上一排黑棗。

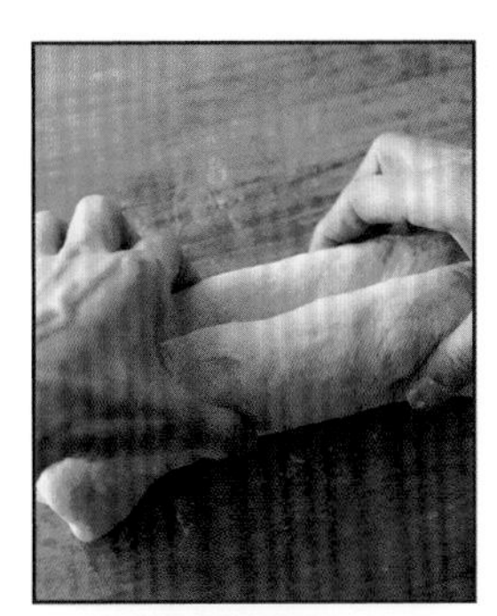

先從內側捲繞麵團，包住內側排好的黑棗後，外側也以相同方法捲起。內、外捲起的麵團在中央貼在一起後，調整麵團的形狀。

麵團切成6等分，如果擔心麵團沾黏，可先撒一些手粉後再切開。每切一塊，刀面就要以濕布擦拭，刀面乾淨後再切下一塊。

每一塊麵團的底部都捏出尖角，作成心形，放入烤模內。

藍莓×地瓜麵包

200g地瓜含有**7.6g**膳食纖維。
將地瓜整片包起，從外觀雖然看不出來，
一旦掰開就能看到地瓜，增添吃麵包的樂趣。

1個
236kcal
膳食纖維
3.7g

材料
（6個份）
地瓜…200 g
藍莓乾…50 g
A
- 高筋麵粉…250 g
- 黑糖或上白糖…20 g
- 鹽…½小匙（3 g）
- 乾燥酵母…3 g

水或溫水…約155 g
手粉（高筋麵粉）…適量

藍莓乾
50g藍莓乾含有5.75g膳食纖維和豐富的花青素，有助於改善眼睛疲勞、預防生活習慣病，同時具有抗氧化的作用。

準備

■ 烤盤鋪上烘焙紙備用。

■ 地瓜確實洗淨，以沾濕的廚房紙巾包住，再以保鮮膜包裹好，放入微波爐加熱4分鐘，讓地瓜軟化。地瓜稍微冷卻後，切成6片。

作法

（開始製作前，請詳閱P.8至P.12的基本步驟）

1 材料A倒入調理盆內拌勻，加入藍莓乾，並分次加水，以手或橡皮刮刀攪拌，確認麵團的狀況再酌量倒水。混合均勻之後揉麵團，掌心施力按壓調理盆的側面和底部。

2 藍莓乾與麵粉確實混合後，將麵團大致整成圓形，放入小調理盆內。套上塑膠袋或蓋上內側撒了手粉的保鮮膜，在40℃的環境下，靜置一個小時，進行一次發酵。

3 麵團膨脹成1.5倍後，底部朝上取出，放在撒了手粉的作業檯上。

4 以手輕壓麵團排氣，由內往外摺三摺後轉90度，再摺三摺，將麵團分成6等分。麵團分別整圓，蓋上保鮮膜，醒麵10分鐘。

5 麵團放在撒了手粉的檯面上，輕輕壓平，依步驟**4**的方法，進行兩次摺三摺。每個麵團皆以掌心壓平後，各放上一片切好的地瓜。單手捧握著麵團，以大拇指壓住麵團中央，另一手的拇指和食指捏住麵團，一邊轉繞，一邊縮攏麵團收口。收口後的麵團摩擦檯面，整至表面平滑。每個麵團皆以相同方法處理。

6 將步驟**5**的麵團擺放在烤盤上，套上塑膠袋或蓋上內側撒了手粉的保鮮膜，在40℃的環境下，靜置30至40分鐘，進行二次發酵。

7 烤箱預熱至170℃，麵團膨脹後，拿掉步驟**6**的塑膠袋或保鮮膜，將烤盤放入烤箱，烤20至25分鐘，烤好後立刻取出放到網架上，冷卻即完成。

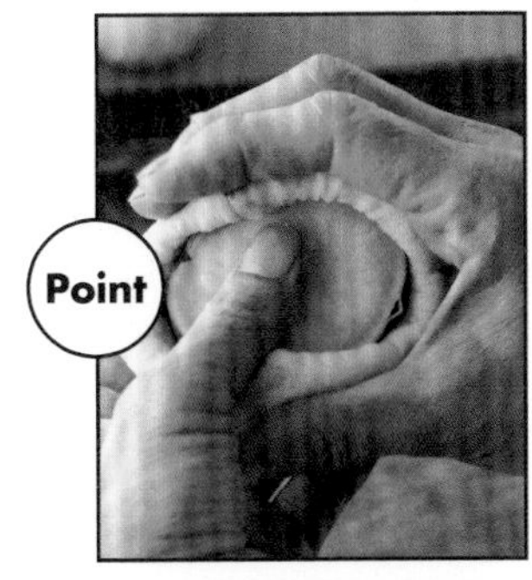

單手拿住包有地瓜的麵團，另一手慢慢轉繞麵團，從側面拉起，從麵團的周圍收口。

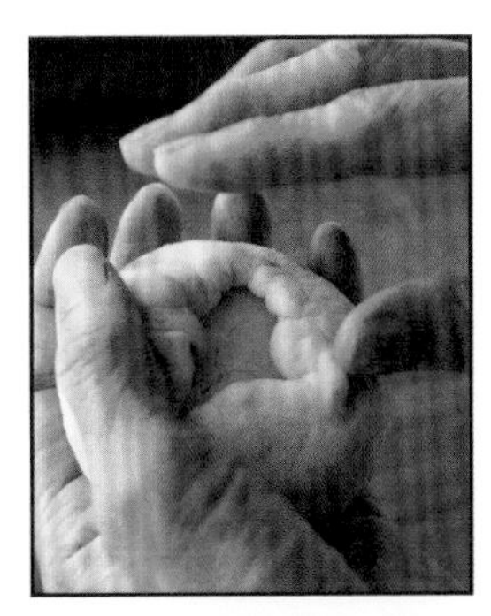

麵團包成如圖所示的模樣時，以手指將麵團收口捏緊。

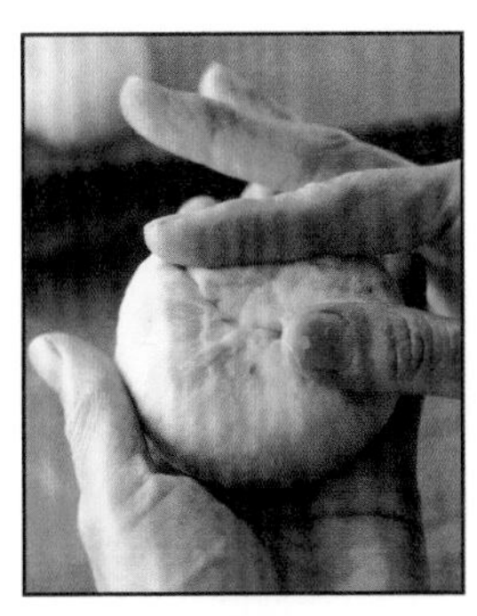

收口處以手指整平。

麵團放在作業檯上，兩手轉繞麵團，底部摩擦檯面直至表面平滑。

1個
207kcal
膳食纖維
3.3g

甘栗×日本茶麵包

材料
（6個份）
甘栗仁…100g

A
- 高筋麵粉…250g
- 日本茶…1大匙（8g）
- 黑糖或上白糖…20g
- 鹽…½小匙（3g）
- 乾燥酵母3g

水或溫水…約160g
手粉（高筋麵粉）…適量

日本茶和甘栗都是富含膳食纖維的食材，
這兩種食材的味道組合也相當合拍！
吃起來很有嚼勁，而且吃一個就會有飽足感。

甘栗仁

100g甘栗含有8.5g膳食纖維。由於幾乎都是不溶性膳食纖維，吃起來容易有飽足感。

日本茶

1大匙日本茶就有將近4g膳食纖維。製作麵包時直接使用，香味極佳。

準備

- 在烤盤上擺放6個杯形烤模（直徑8cm）備用。
- 先取完整的甘栗仁6個備用，其餘的甘栗仁每個切為4等分。

作法

（開始製作前，請詳閱P.8至P.12的基本步驟）

1 材料A倒入調理盆內混合後，加入切好的甘栗仁，並分次加水，以手或橡皮刮刀攪拌，確認麵團的狀況再酌量倒水。混合均勻之後揉麵團，掌心施力按壓調理盆的側面和底部，約揉2至3分鐘。

2 倒入日本茶混合均勻後，將麵團大致整成圓形，放入小調理盆內。套上塑膠袋或蓋上內側撒了手粉的保鮮膜，在40℃的環境下，靜置一個小時，進行一次發酵。

3 麵團膨脹成1.5倍後，底部朝上取出，放在撒了手粉的作業檯上。

4 以手輕壓麵團排氣，由內往外摺三摺後轉90度，再摺三摺，將麵團分成6等分。麵團分別整圓，蓋上保鮮膜，醒麵10分鐘。

5 麵團放在撒了手粉的檯面上，輕輕壓平，依步驟**4**的方法，進行兩次摺三摺。以掌心壓平麵團後，再滾成條狀。

6 將預留的甘栗仁放在作業檯上，每一個甘栗仁捲上一條麵團，放入烤模並擺放在烤盤上。6條麵團皆以同樣方法處理。

7 步驟**6**的烤盤套上塑膠袋，或蓋上內側撒了手粉的保鮮膜，在40℃的環境下，靜置30至40分鐘，進行二次發酵。

8 烤箱預熱至170℃，麵團膨脹後，拿掉步驟**7**的塑膠袋或保鮮膜，將烤盤放入烤箱，烤18至20分鐘，烤好後立刻取出放到網架上，冷卻即完成。

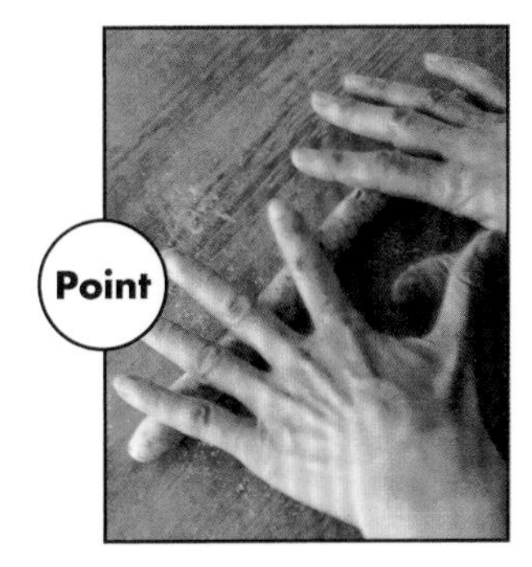

兩手將麵團滾成條狀。

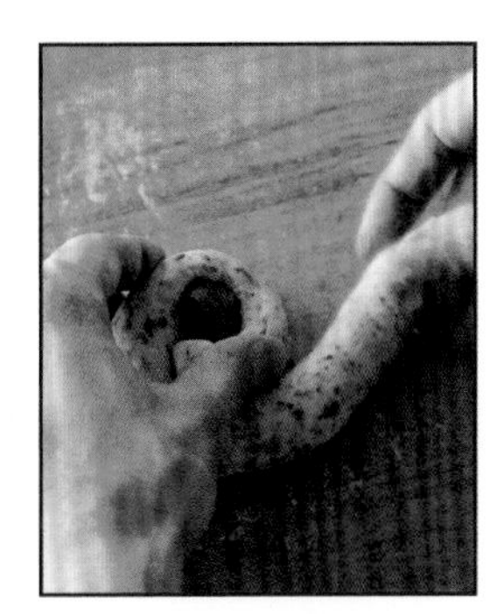

每一顆甘栗仁皆捲上一條麵團。

捲繞麵團收尾時，捏緊，並整理捲好的麵團形狀。

麵團放入烤模內，套上塑膠袋或蓋上撒了手粉的保鮮膜，在40℃的環境下，放置30至40分鐘，進行二次發酵。

無花果×紅茶麵包

6g紅茶葉含有約**2g**膳食纖維。
紅茶的香氣結合無花果的甘甜，
打造出充滿療癒感的麵包。

1個
198kcal
膳食纖維
2.8g

材料
（6個份）
無花果乾…60 g
★選較軟的來使用

A
- 高筋麵粉…250 g
- 紅茶…茶包3包（6 g ）
- 黑糖或上白糖…20 g
- 鹽…½小匙（3 g ）
- 乾燥酵母…3 g

水或溫水…約155 g
手粉（高筋麵粉）…適量

無花果乾

60g無花果乾含有6.5g膳食纖維，包括水溶性和不溶性膳食纖維。

紅茶葉

可以使用茶包中的茶葉，但需挑選細碎的茶葉。建議使用容易購得的伯爵茶。

準備

- 無花果切成1cm小丁備用。
- 烤盤鋪烘焙紙備用。

作法

（開始製作前，請詳閱P.8至P.12的基本步驟）

1 材料A倒入調理盆內混合後，將切丁的無花果乾加入，以橡皮刮刀拌勻。

2 混合均勻後，分次加水，確認混合的狀況後再酌量倒水。一邊粗略地捏碎無花果乾，一邊混合材料。

3 材料混合均勻後，揉麵團約3分鐘，將麵團大致整成圓形，放入小調理盆內。套上塑膠袋或蓋上內側撒了手粉的保鮮膜，在40℃的環境下，靜置一個小時，進行一次發酵。

4 麵團膨脹成1.5倍後，底部朝上取出，放在撒了手粉的作業檯上。

5 以手輕壓麵團排氣，由內往外摺三摺後轉90度，再摺三摺，將麵團分成6等分，分別整成圓形。蓋上保鮮膜，醒麵10分鐘。

6 麵團分別放在撒了手粉的檯面上，輕輕壓平，依步驟**5**的方法，進行兩次摺三摺，收口朝下，在檯面上滾動至表面平滑。

7 將步驟**6**的麵團排放在烤盤上，套上塑膠袋或蓋上內側撒了手粉的保鮮膜，在40℃的環境下，靜置30至40分鐘，進行二次發酵。

8 將烤箱預熱至170℃，麵團膨脹後，拿掉步驟**7**的塑膠袋或保鮮膜，將烤盤放入烤箱，烤18至20分鐘，烤好後取出放到網架上，冷卻即完成。

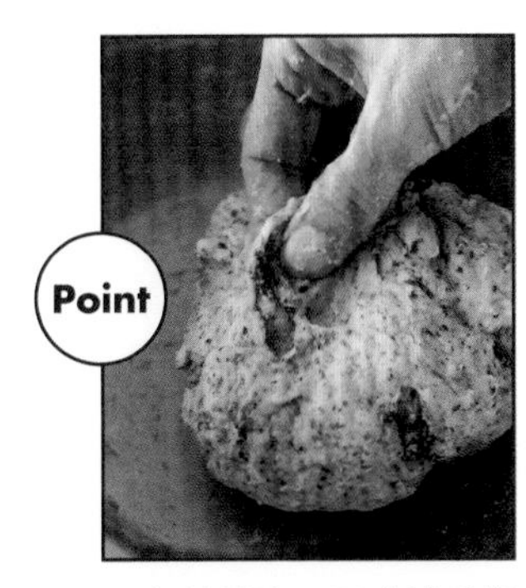

混合材料時，同時以手指將無花果乾捏碎。

一次發酵後，排氣，進行兩次摺三摺，然後將麵團分成6等分並重新整圓，醒麵10分鐘。

將麵團一個個壓平，重複進行兩次摺三摺後整圓。以手罩住麵團，轉動麵團成圓形。

麵團底部的收口如圖所示，以這一面摩擦作業檯面，直至表面平滑。

香蕉可可麵包

膳食纖維的含量很豐富，
150g香蕉含有1.65g，10g可可亞含有2g，
10g黑芝麻含有1g。
這些食材很適合互相搭配，相當美味。

1個
203kcal
膳食纖維
2.2g

材料
（6個份）
香蕉…150ｇ
A
- 高筋麵粉…250ｇ
- 可可粉（無糖）…10ｇ
- 黑芝麻粉…10ｇ
- 黑糖或上白糖…20ｇ
- 鹽…½小匙（3ｇ）
- 乾燥酵母…3ｇ

水或溫水…約165ｇ
手粉（高筋麵粉）…適量

可可粉

膳食纖維中的木質素可促進腸道蠕動，幫助排便，多酚則能增加腸胃益菌，強化腸胃功能。

準備

- 在烤盤上擺放6個杯形烤模（直徑8cm）備用。
- 香蕉去皮後切成1cm小丁，預備包入麵團。

作法

（開始製作前，請詳閱P.8至P.12的基本步驟）

1 大調理盆內倒入材料A拌勻。

2 分次加水，以手或橡皮刮刀攪拌，視麵團狀況再酌量倒水。混合均勻之後揉麵團約3分鐘，掌心施力按壓調理盆的側面和底部。

3 麵團均勻上色後整圓，放入小調理盆內。套上塑膠袋或蓋上內側撒滿麵粉的保鮮膜，在40℃的環境下，靜置一個小時，進行一次發酵。

4 麵團膨脹成1.5倍後，底部朝上取出，放在撒了手粉的作業檯上，在麵團上撒少許麵粉，以手輕壓麵團排氣，由內往外摺三摺後轉90度，再摺三摺。單手扶著麵團後，雙手以順時針轉動麵團，底部摩擦作業檯面，重新整圓。蓋上保鮮膜，醒麵10分鐘。

5 麵團放在撒了手粉的檯面上後，再撒一些手粉，以擀麵棍將麵團擀成25cm的正方形，外側空出3至4cm寬，其餘部分鋪上切丁的香蕉，由內往外開始捲繞，收口的部分朝下，滾動麵團使收口平滑。

6 將步驟**5**的麵團切成6等分，各自放入烤模中，注意形狀的美觀，可輕壓麵團整形。將烤模擺放在烤盤上，套上塑膠袋，或蓋上內側撒了手粉的保鮮膜，在40℃的環境下，靜置30至40分鐘，進行二次發酵。

7 烤箱預熱至160℃，麵團膨脹後，拿掉步驟**6**的塑膠袋或保鮮膜，將烤盤放入烤箱，烤20至25分鐘，烤好後立刻取出放在網架上，冷卻即完成。

為了防止麵粉沾黏，擀麵團之前，可在作業檯上與擀麵棍上撒上手粉，將麵團擀成**25cm**的正方形。

擀平的麵團外側空出**3**至**4cm**寬，其餘部分鋪上香蕉丁，由內往外捲繞麵團。

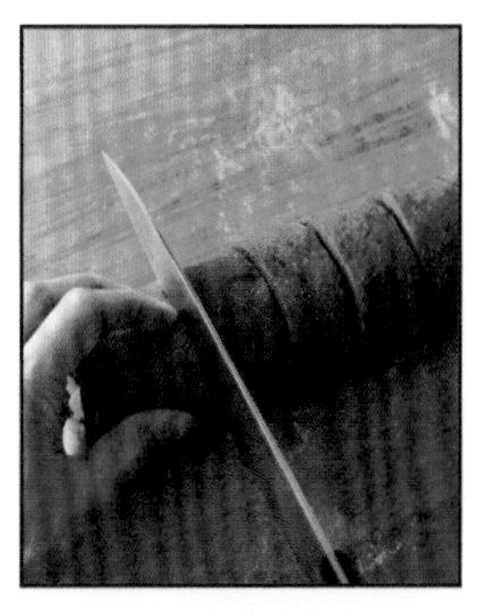

收口朝下，將麵團切成**6**等分。

每塊麵團分別放入烤模內，為了能讓麵團均勻膨脹，由上往下輕壓，整理麵團形狀。

Column

不單調的趣味好食！麵包的美味吃法提案

將麵包切片，享受純然的口感固然不錯，
但是只要稍微變化一下，就能加倍美味！

1人分
552kcal
膳食纖維
5.0g

三明治

將麵包作成三明治，絕對是經典美味！
吃起來有嚼勁，能夠比平常更容易控制份量。
花椰菜風味的佛卡夏（P.24至P.25）雖然已經很豐盛，
如果能將佛卡夏切片，夾入喜愛的配料，
就能一次嚐到更多好滋味！

作法和材料（1人份）

1 準備一顆水煮蛋，以手捏碎，加上1大匙美乃滋、½匙顆粒芥末醬、少許鹽和胡椒，拌勻。

2 從佛卡夏的側邊切開，每一個佛卡夏皆切成上下兩片備用。

3 將步驟**1**拌勻的配料鋪在麵包上，再放上少許的紅萵苣、一片生火腿，美味即刻呈現！

法式吐司

建議將本書食譜中的麵包成品切成12片的小吐司，
小巧的吐司片可更輕易煎出香脆的口感。
自製的吐司比一般的吐司紮實，
請多花一些時間讓吐司吸滿蛋液哦！

作法和材料（1至2人份)

1 大調理盆內打入一顆蛋，攪散，再加入100ml牛奶、20g砂糖，拌勻。

2 取2片吐司（口味隨意）放入步驟**1**內，浸泡20分鐘以上，讓吐司吸收蛋液。

3 平底鍋內放入1大匙奶油後，開小火融化奶油。放入步驟**2**的吐司，以小火慢煎，煎出顏色後翻面繼續煎。若有調理盆中有多餘的蛋液，鍋中的吐司可再泡一次蛋液後煎烤。將沾滿蛋液的吐司煎至香脆，再依喜好適量淋上糖漿即可享用。

主要材料

本書所使用的材料，都可以在超市購得。

高筋麵粉

本書主要使用容易買得到的高筋麵粉。高筋麵粉只使用小麥的胚乳粉，黏性強，適合作麵包時使用。麵團沾黏時使用的手粉也請使用高筋麵粉。高筋麵粉每100g中即含有2.7至2.8g膳食纖維。

全麥麵粉（高筋麵粉）

以整粒小麥磨成的麵粉，100g中含有11.2至11.4g膳食纖維。如果全部使用全麥麵粉製作麵包，作出來的麵包會太硬。本書在使用全麥麵粉時，會加上一般的高筋麵粉，可作出鬆軟的麵包口感。

黑糖

本書使用黑糖，特徵是精製度低，身體能夠緩慢吸收，且富含礦物質成分。加工成粉狀的製品較容易使用，請挑選確認是由甘蔗榨汁提煉出來的黑糖。如果買不到，請使用上白糖。

鹽

盡量不要使用精製鹽，推薦使用由海水、海藻和岩鹽製作而成的天然鹽。天然鹽如果呈乾鬆狀態，1小匙約6g，若呈濕潤狀態，1小匙約為5g。

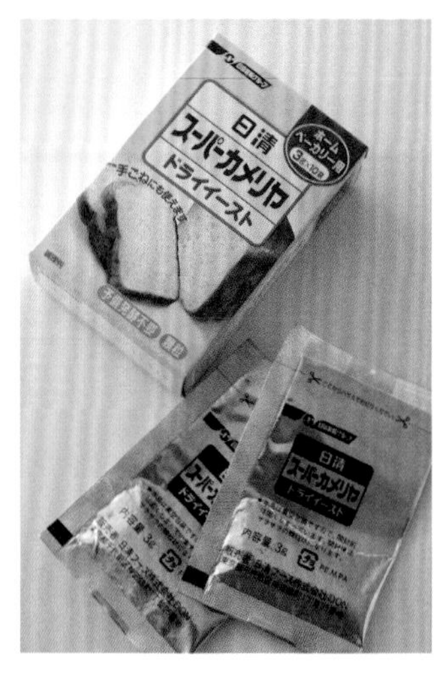

乾燥酵母

將發酵麵包使用的酵母菌壓縮後，作出生酵母菌，再低溫乾燥，磨成粉末或顆粒。請選用不需要預備發酵的酵母。可購買一袋3g的酵母菌商品，製作時就不需要另外秤重，非常方便。如果需要測量後使用，則以1小匙3g為標準量。

★關於書中提及的其他材料，請參見各食譜的說明。

烤模&工具

本書介紹的器具皆可在烘焙材料行或一般商店購得。

磅蛋糕烤模

使用了25×6×6cm，18×8×6cm及21×8×6cm的磅蛋糕烤模。各食譜皆有註明所使用的烤模大小。模具大小若與食譜不同，則會改變麵包成品的高度。食譜中有將麵團整成條狀、分成6等分整圓等不同形狀，這些食譜中的麵團也可放入磅蛋糕烤模進行烘烤。

調理盆

請準備兩種尺寸的調理盆。一種是可混合材料、揉麵團的調理盆（直徑約30cm），一種是可讓麵團發酵的小調理盆（直徑約15至20cm）。建議使用不銹鋼製品。

磅秤

磅秤如果能夠量1g單位的物品，就能用來量酵母的重量。如果能放上容器後歸零，就能一邊加水一邊計算水量，非常方便。

量杯

本書雖然沒有使用量杯來量測，但若有一個200㎖的耐熱量杯會很方便。如果只需要少許溫水時，可以量杯裝水後，直接微波加熱使用。

量匙

在麵團少量加水混合時使用。1大匙15㎖、1小匙5㎖、½小匙為2.5㎖。圖中左邊的小刮刀可用來刮平材料，若需要將量匙再分成½和⅓份量，也可使用小刮刀刮取。

橡皮刮刀

攪拌材料、從大調理盆取出發酵完成的麵團時使用。選擇沒有接縫、耐熱、柄長約25cm的製品較為方便。

金屬網架

烤好的麵包脫模後，需放在金屬網架上冷卻。麵包完全冷卻後，為了方便食用，可切成1至2cm厚的片狀，需要保存時就放入冷凍專用袋內，置於冷凍室中即可輕鬆長時保鮮。

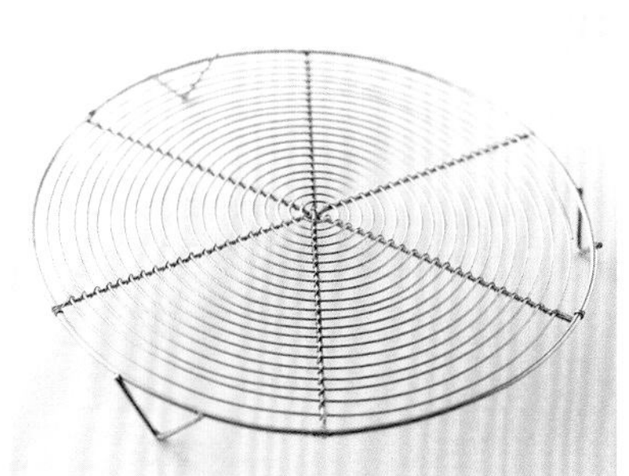

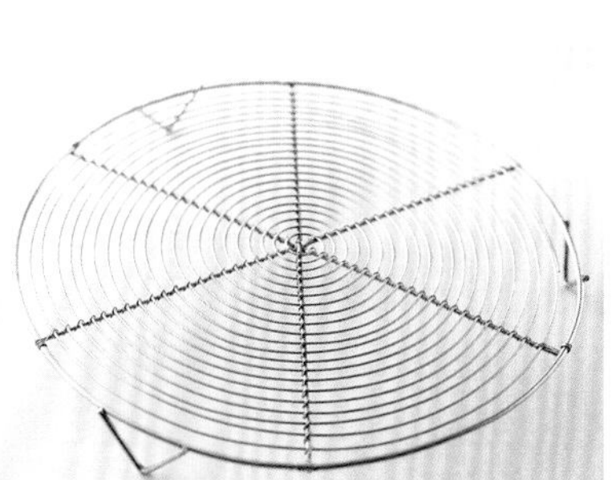

作業檯、擀麵棍

市面販售著各式各樣的產品，產品名不一，如：揉麵墊、擀麵墊、刻度矽膠揉麵墊……除了圖中使用的木製品之外，另有大理石、矽膠等其他材質，選擇順手的產品即可。若不想另外購買，製作麵包前先以濕紙巾將廚房流理檯（大理石材質除外）擦拭乾淨，即可作為作業檯使用。擀麵棍為延展麵團時使用，本書的食譜就算使用短一些的擀麵棍也OK。

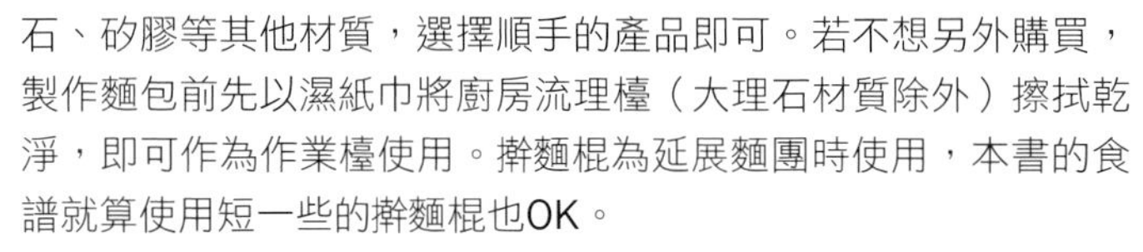

關於烤箱&微波爐

本書使用一般的電烤箱。烤箱也可用來發酵麵團，但若使用沒有發酵功能的烤箱，請參考P.12的說明。烘烤前的預熱很重要，必須在二次發酵後就預熱完成。烘烤的實際時間會因為不同的烤箱有所差異，可藉由觀察上色的狀況來判斷，請在烘烤時隨時注意麵包的顏色變化。

如果使用複合式烤箱，烘烤時間約比食譜所記時間減少2至3成，並隨時確認烘烤狀態。

微波爐的加熱時間以600W為基準。

★除了上述工具之外，也請準備直徑8cm的杯形烤模、保鮮膜、塑膠袋。

計時器

方便用來提醒發酵時間和醒麵時間，備有計時器就不必擔心忘記時間。

粉篩

撒手粉時將麵粉過篩撒下，非常方便，而且也能撒得更為均勻，防止麵團沾黏。也可使用茶篩替代。

烘焙紙

鋪在烤盤上防止髒污。本書使用可重複使用的烘焙紙，也可使用一次性的烘焙紙。

製作麵包的專用語

對於第一次挑戰麵包製作的初學者而言，有些術語或許並不太容易瞭解。
以下詳細解說常見的烘焙專用語。

【一次發酵】

將揉好的麵團整成圓形，為了讓酵母容易發酵，蓋上保鮮膜後放在約40℃的溫暖環境中，發酵時產生的氣泡會讓麵團膨脹。

【手粉】

在擀麵團時，為了不讓麵團沾黏到作業檯和擀麵棍，會撒上一些高筋麵粉。避免撒太多，否則麵團會變乾、變硬。

【排氣】

一次發酵後，為了讓麵團外側和內側沒有溫度差，要將發酵產生的氣體排掉。麵團以掌心輕壓，摺疊麵團時的動作要輕柔。

【麵團】

所有材料混合好後，在烘烤前的狀態。

【室溫】

也稱作常溫。一般是指18至25℃。

【成形】

又稱整形，即塑造麵包烤前的形體、狀態。有時是放到烤模中塑形，有時會直接以手整圓，或作出其他形狀。

【收口】

麵團整成圓形的過程中，因摺疊會有收口閉合的部分。發酵、烘烤時，麵團膨脹後收口處會容易裂開，所以收口處一定要在檯面上按壓、整為平順，避免發酵的氣體在烘烤時排掉，影響麵包順利膨脹。

【混合】

混合兩種以上的材料，也指將材料互相確實混合在一起的狀態。

【二次發酵】

一次發酵後的麵團成形後，放入塑膠袋內，放在約40℃的環境下，讓酵母菌發酵產生氣體，使麵團膨脹。

【溫水】

手放進去會感到溫暖的水，大約30至40℃，是適合酵母菌活動的溫度。

【醒麵．Bench time】

一次發酵後的麵團揉圓後暫時休息。如果沒有「休息」就直接成形，麵團會因為延展性不佳而不容易塑形。醒麵時，麵團要放入塑膠袋中，或以保鮮膜覆蓋，防止變乾。

【整圓】

以手將麵團揉圓。麵團要經常保持圓形，並注意將乾燥的麵團表面摺入內側。

【預熱】

烘烤前將烤箱加熱，使烤箱內的溫度上升。若烤箱沒有預熱就將麵團放入，就無法在適當的溫度下進行烘烤，將會導致麵包成品塌陷和上色不均勻。

烘焙良品 79

有38款天天換著吃！
好口感の纖維系麵包

作　　者／石澤清美
翻　　譯／莊琇雲
發 行 人／詹慶和
總 編 輯／蔡麗玲
執行編輯／李宛真
特約編輯／李佳穎
編　　輯／蔡毓玲・劉蕙寧・黃璟安・陳姿伶・陳昕儀
執行美編／韓欣恬
美術編輯／陳麗娜・周盈汝
攝　　影／榎本修
出 版 者／良品文化館
發 行 者／雅書堂文化事業有限公司
郵政劃撥帳號／18225950
戶　　名／雅書堂文化事業有限公司
地　　址／220新北市板橋區板新路206號3樓
電子信箱／elegant.books@msa.hinet.net
電　　話／(02)8952-4078
傳　　真／(02)8952-4084

2018年7月初版一刷　定價320元

每日食べたい！食物繊維たっぷりのからだにいいパン

Originally published in Japan by Shufunotomo Co., Ltd
Translation rights arranged with Shufunotomo Co., Ltd.
Through Keio Cultural Enterprise Co., Ltd.

經銷／易可數位行銷股份有限公司
地址／新北市新店區寶橋路 235 巷 6 弄 3 號 5 樓
電話／（02）8911-0825 傳真／（02）8911-0801

staff

裝訂・內文攝影／矢代明美
攝　　影／榎本修
設　　計／坂上嘉代
營 養 計 算／伏島京子
編　　輯／神谷裕子（主婦之友社）

國家圖書館出版品預行編目(CIP)資料

有38款天天換著吃！好口感の纖維系麵包 / 石澤清美作；莊琇雲翻譯.
-- 初版. -- 新北市：良品文化館出版：雅書堂文化發行, 2018.07
面；　公分. -- (烘焙良品；79)
譯自：每日食べたい！食物繊維たっぷりのからだにいいパン
ISBN 978-986-96634-1-0 (平裝)

1.點心食譜 2.麵包

427.16　　107010178

烘焙良品 19
愛上水果酵素手作好料
作者：小林順子
定價：300元
19×26公分・88頁・全彩

烘焙良品 20
自然味の手作甜食
50道天然食材&愛不釋手的Natural Sweets
作者：青山有紀
定價：280元
19×26公分・96頁・全彩

烘焙良品21
好好吃的格子鬆餅
作者：Yukari Nomura
定價：280元
21×26cm・96頁・彩色

烘焙良品22
好想吃一口的幸福果物甜點
作者：福田淳子
定價：350元
19×26cm・112頁・彩色+單色

烘焙良品23
瘋狂愛上！有幸福味の百變司康&比司吉
作者：藤田千秋
定價：280元
19×26 cm・96頁・全彩

烘焙良品 25
Always yummy！
來學當令食材作的人氣甜點
作者：磯谷 仁美
定價：280元
19×26 cm・104頁・全彩

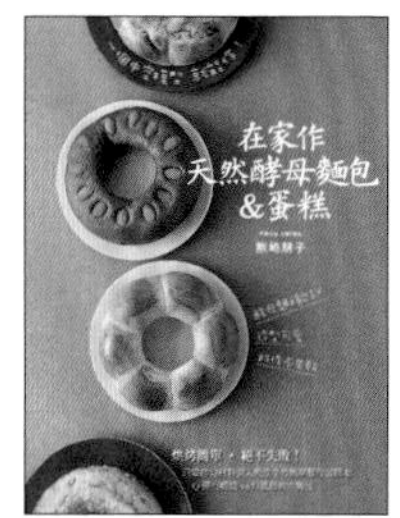

烘焙良品 26
一個中空模型就能作！
在家作天然酵母麵包&蛋糕
作者：熊崎 朋子
定價：280元
19×26cm・96頁・彩色

烘焙良品 27
用好油，在家自己作點心：
天天吃無負擔・簡單作又好吃
作者：オズボーン未奈子
定價：320元
19×26cm・96頁・彩色

烘焙良品 28
愛上麵包機：按一按，超好作の45款土司美味出爐！
使用生種酵母&速發酵母配方都OK！
作者：桑原奈津子
定價：280元
19×26cm・96頁・彩色

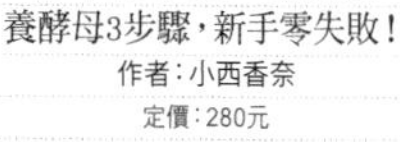

烘焙良品 29
Q軟喔！自己輕鬆「養」玄米酵母 作好吃の30款麵包
養酵母3步驟，新手零失敗！
作者：小西香奈
定價：280元
19×26cm・96頁・彩色

烘焙良品 30
從養水果酵母開始，
一次學會究極版老麵×法式甜點麵包30款
作者：太田幸子
定價：280元
19×26cm・88頁・彩色

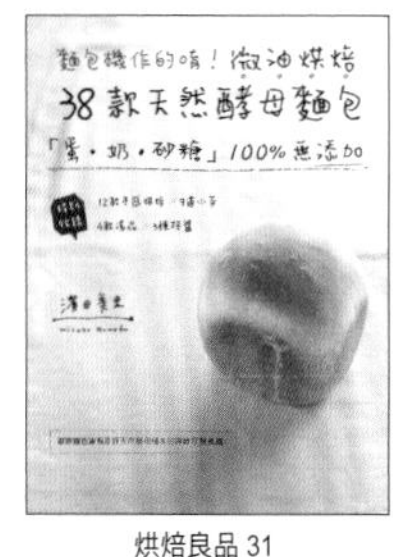

烘焙良品 31
麵包機作的唷！
微油烘焙38款天然酵母麵包
作者：濱田美里
定價：280元
19×26cm・96頁・彩色

烘焙良品 32
在家輕鬆作，
好食味養生甜點&蛋糕
作者：上原まり子
定價：280元
19×26cm・80頁・彩色

烘焙良品 33
和風新食感・
超人氣白色馬卡龍：
40種和菓子內餡的精緻甜點筆記！
作者：向谷地馨
定價：280元
17×24cm・80頁・彩色

烘焙良品 34
48道麵包機食譜特集！
好吃不發胖的低卡麵包PART.3
作者：茨木くみ子
定價：280元
19×26cm・80頁・彩色

烘焙良品 35
最詳細の烘焙筆記書I
從零開始學餅乾&奶油麵包
作者：稲田多佳子
定價：350元
19×26cm・136頁・彩色

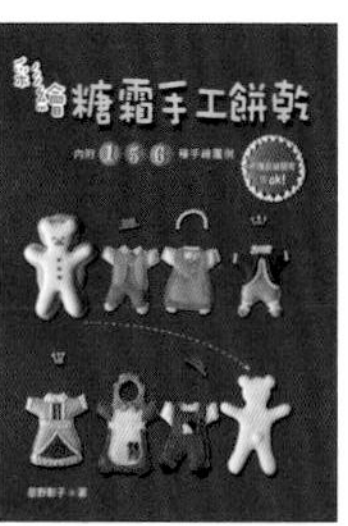

烘焙良品 36
彩繪糖霜手工餅乾
內附156種手繪圖例
作者：星野彰子
定價：280元
17×24cm・96頁・彩色

烘焙良品37
東京人氣名店
VIRONの私房食譜大公開
自家烘焙5星級法國麵包！
作者：牛尾 則明
定價：320元
19×26cm・96頁・彩色

烘焙良品38
最詳細の烘焙筆記書II
從零開始學起司蛋糕&瑞士卷
作者：稲田多佳子
定價：350元
19×26cm・136頁・彩色

烘焙良品39
最詳細の烘焙筆記書III
從零開始學戚風蛋糕&巧克力蛋糕
作者：稲田多佳子
定價：350元
19×26cm・136頁・彩色

烘焙良品40
美式甜心So Sweet！
手作可愛の紐約風杯子蛋糕
作者：Kazumi Lisa Iseki
定價：380元
19×26cm・136頁・彩色

烘焙良品41
法式原味&經典配方：
在家輕鬆作美味的塔
作者：相原一吉
定價：280元
19×26公分・96頁・彩色

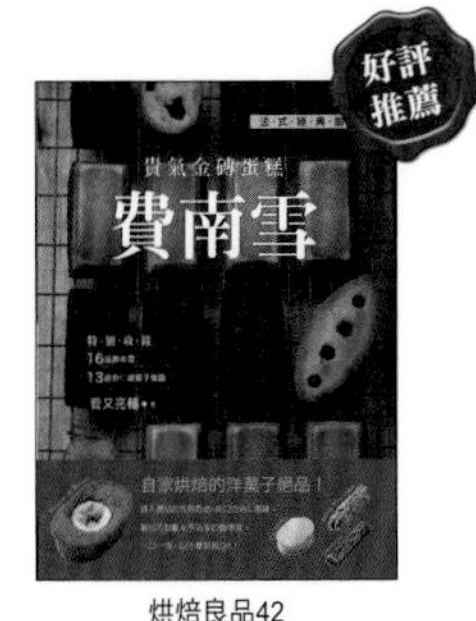

烘焙良品42
法式經典甜點
貴氣金磚蛋糕：費南雪
作者：菅又亮輔
定價：280元
19×26公分・96頁・彩色

烘焙良品43
麵包機OK！初學者也能作
黃金比例の天然酵母麵包
作者：濱田美里
定價：280元
19×26公分・104頁・彩色

烘焙良品 44
食尚名廚の超人氣法式土司
全錄！日本 30 家法國吐司名店
授權：辰巳出版株式会社
定價：320元
21×26 cm・104頁・全彩

烘焙良品 45
磅蛋糕聖經
作者：福田淳子
定價：280元
19×26公分・88頁・彩色

烘焙良品 46
享瘦甜食！
砂糖OFFの豆渣馬芬蛋糕
作者：粟辻早重
定價：280元
21×20公分・72頁・彩色

烘焙良品 47
一人喫剛剛好！零失敗の
42款迷你戚風蛋糕
作者：鈴木理惠子
定價：320元
19×26公分・136頁・彩色

烘焙良品 48
省時不失敗の聰明烘焙法
冷凍麵團作點心
作者：西山朗子
定價：280元
19×26公分・96頁・彩色

烘焙良品 49
棍子麵包・歐式麵包・山形吐司
揉麵&漂亮成型烘焙書
作者：山下珠緒・倉八冴子
定價：320元
19×26公分・120頁・彩色

烘焙良品 51
愛上麵包：
法國麵包教父的
烘焙教學全集
作者：Philippe Bigot
定價：580元
21×26cm・208頁・彩色

烘焙良品 58
麵粉有夠好玩！甜蜜蜜的烘焙好食光：
好玩・好學・好吃！
32道簡單易作&每天都想吃的美味甜點
作者：陳信成(Tony老師)・黃翊庭(粒子)
定價：350元
19×26 cm・136頁・彩色

烘焙良品 59
手作爽口迷人的
無麩質甜點50＋
作者：上原まり子
定價：280元
19×26 cm・136頁・彩色

烘焙良品 65
手作簡單經典的
50款輕食烤點心：
家用烤箱OK！
作者：上田悦子
定價：300元
19×26 cm・104頁・彩色

烘焙良品 66
清新烘焙・
酸甜好滋味的檸檬甜點45
作者：若山曜子
定價：350元
18.5×24.6cm・80頁・彩色

烘焙良品 67
麵包職人烘焙教科書：
精準掌握近乎完美的好味道！
作者：堀田誠
定價：480元
19×26cm・152頁・彩色

烘焙良品 70
簡單作零失敗的
純天然暖味甜點
作者：藤井恵
定價：280元
21×26cm・80頁・彩色

烘焙良品74
輕鬆親手作好味
餅乾・馬芬・磅蛋糕
作者：坂田阿希子
定價：300元
21×26cm・88頁・彩色

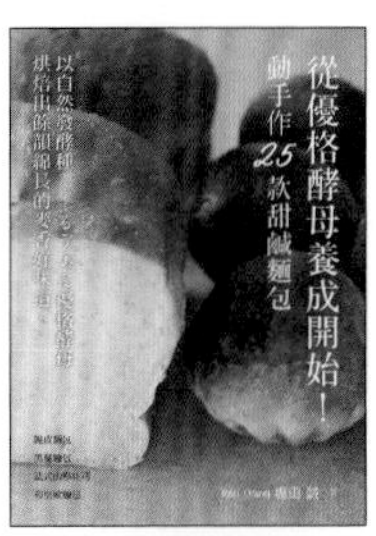

烘焙良品76
從優格酵母養成開始！
動手作25款甜鹹麵包
作者：堀田誠
定價：350元
21×26cm・96頁・彩色

烘焙良品77
想讓你品嚐的美味手作甜點
5～20分鐘簡單完成！
無蛋乳・大人&小孩都OK！
作者：菅野のな
定價：300元
21×19.6cm・96頁・彩色

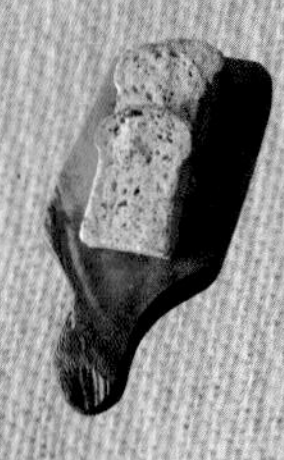

加入滿滿的天然食物纖維！